나물로 차리는 건강밥상

산나물·들나물,
먹을수록 건강해져요 _____

날이 풀리고 초록이 물들기 시작하니 시장에 푸릇푸릇한 나물들이 많아졌어요. 콩나물, 시금치같이 자주 먹는 나물은 물론이고 냉이, 원추리, 유채 같은 제철 나물들도 가득해요.

향긋한 나물 향이 하도 좋아 한 아름 사들고 와서는 조물조물 무쳐 밥상에 올리니 입맛이 확 살아나네요.

나물은 맛과 향도 좋지만 몸에 좋아서 더 찾게 돼요. 미네랄과 비타민이 많아 몸에 쌓인 독을 없애주고 성인병 예방에도 좋으니까요. 게다가 나물에는 현대인에게 부족하기 쉬운 식이섬유도 풍부하지요.

시골밥상이 건강식으로 인기를 누리는 이유가 바로 나물 때문이에요.

제철 나물은 신기하게도 그 계절에 필요한 영양소를 가지고 있어요. 봄나물에는 식욕을 돋우고 춘곤증을 이기게 하는 성분이 들어있고, 여름 나물은 수분이 많아 갈증을 없애고 무더위를 이기게 하지요. 또 말린 나물에는 채소가 적은 겨울철에 비타민을 섭취할 수 있게 한 옛 어른들의 지혜가 담겨있어요.

맑은 햇살과 땅의 기운을 먹고 자란 산나물, 들나물에는 자연의 생기가 가득해요.

먹을수록 건강해지는 우리 음식 나물.

우리 몸을 지켜주는 나물 한 접시, 오늘 저녁 밥상에 올려보면 어떨까요?

Part 1

생나물

Part 2
무침나물

Part **3**

볶음나물

Part 4
나물요리

제철 나물 캘린더

1월	2월	3월	4월	5월	6월

고사리

위를 튼튼히 하고 소화가 잘 된다. 말린 고사리가 생 고사리보다 영양이 풍부하다.

돌나물

미네랄이 풍부해 무기력해지기 쉬운 봄에 활력을 준다. 양념장을 곁들이거나 물김치를 담근다.

쑥

향이 좋으며 몸을 따뜻하게 해 여성에게 좋다. 나물, 국, 전 등을 한다.

쪽파

살균작용을 하고 소화를 돕는다. 김치나 무침, 전 등을 한다.

봄동

이른 봄에 나는 어린 배추로 베타카로틴과 비타민 C, 칼슘 등이 풍부하다. 달콤하고 고소해 겉절이를 하면 맛있다.

취나물

단백질, 칼슘, 인, 철분, 비타민 등이 많다. 무치거나 볶아 먹는다.

씀바귀

쌉쌀한 맛이 봄에 잃기 쉬운 입맛을 살린다. 주로 고추장 양념에 무쳐 먹는다.

쑥갓

맛과 향이 독특하며 비타민 A와 B군, 미네랄이 풍부하다. 생으로 또는 데쳐서 무쳐 먹는다.

얼갈이배추

비타민 C가 풍부하며, 가열해도 영양 파괴가 적다. 겉절이나 국거리로 많이 쓴다.

냉이

비타민과 단백질이 풍부한 대표 봄나물. 칼슘, 철분 등이 많아 몸에 활력을 준다. 나물, 국, 찌개 등에 쓴다.

달래

알싸한 맛이 나며 비타민이 풍부하다. 겉절이 양념에 무치거나 전을 부쳐 먹는다.

배추

겨울철 비타민 보충의 주역. 김치, 겉절이 등을 만든다. 잎을 말려서 된장이나 고춧가루에 버무려 먹기도 한다.

머위

쌉쌀한 맛이 나며, 칼슘과 비타민 A 등이 풍부하다. 무침이나 볶음, 쌈으로 먹는다.

두릅

어린순으로 독특한 향과 쓴맛이 난다. 사포닌이 들어있어 혈액순환을 돕고 피로를 푼다.

죽순

아작아작하고 향이 독특한 대나무 순. 몸속의 나트륨을 배출하고 콜레스테롤을 줄인다.

풋마늘대

알싸한 맛이 입맛을 돋운다. 비타민과 미네랄이 풍부하고 신진대사를 원활하게 한다.

상추

콜레스테롤을 줄이고 피부 미용에 좋다. 무침이나 쌈으로 먹는다.

더덕

쌉쌀하고 향이 진하다. 사포닌이 들어있고 단백질과 미네랄이 풍부하다. 무침이나 구이를 한다.

미나리

향긋한 향이 입맛을 돋운다. 칼슘과 칼륨, 비타민 A, 비타민 C가 풍부하고 해독 작용을 한다.

고구마줄기

비타민과 칼슘, 칼륨이 풍부해 골다공증과 고혈압을 예방한다. 주로 볶아 먹는다.

도라지

식이섬유가 풍부하고 사포닌이 들어있다. 생으로 초무침을 하거나 볶아서 먹는다.

부추

비타민 A와 B군이 풍부하며, 독특한 향이 입맛을 돋운다. 무침, 겉절이, 김치 등을 한다.

근대

피부 미용과 아이들 성장 발육에 좋다. 데쳐서 무치거나 국거리로 쓴다.

오이

수분이 많고 비타민 A와 C가 풍부한 알칼리성 식품. 무침, 볶음 등을 한다.

제철 나물은 신선하고 영양이 풍부할 뿐 아니라 맛과 색감이 뛰어나요. 싸고 쉽게 구할 수 있는 것도 제철 나물의 장점이죠. 자연에서 자란 싱싱한 제철 나물로 가족의 입맛도 살리고 건강도 지키세요.

7월	8월	9월	10월	11월	12월

우엉

아직아작한 뿌리채소. 비타민 C, 철분. 칼슘. 칼륨 등이 많고 식이섬유도 풍부하다.

시금치

비타민 A와 C, 철분이 풍부한 대표 녹황색 채소로 소화가 잘 된다. 나물과 국거리로 쓴다.

무

수분과 비타민 C가 풍부하며 소화를 돕는다. 채 썰어 볶거나 생채를 한다.

노각

수분, 칼슘, 식이섬유가 풍부한 여름 채소. 주로 고추장 양념에 무쳐 먹는다.

참나물

비타민, 철분, 칼슘이 풍부하다. 아삭아삭하고 쌉쌀하며 향이 좋아 생채로 먹는다.

당근

베타카로틴이 풍부해 눈을 밝게 한다. 기름과 함께 조리하면 흡수율이 높아진다.

연근

칼륨과 식이섬유가 풍부하고 타닌과 철분이 풍부해 수렴작용, 지혈 효과가 있다.

가지

수분이 많고 칼로리가 적다. 무치거나 기름에 볶아 먹는다.

깻잎

향긋한 향이 입맛을 돋우는 여름 채소. 비타민 C와 K가 많아 스트레스와 피로를 풀어준다.

애호박

비타민 A와 C, 미네랄, 당질이 풍부해 야맹증, 소화기질환에 좋다. 볶음, 전 등을 한다.

계절마다 필요한 영양을 챙기세요

봄 생체 리듬이 깨져 춘곤증이 찾아오고 나른함, 식욕부진 등이 나타난다. 쌉쌀한 봄나물로 입맛을 살리고 비타민, 미네랄 등 부족한 영양소를 보충한다.

여름 무더운 날씨에 에너지 소모가 많아 지치고 입맛이 떨어지기 쉽다. 여름 채소에 풍부한 비타민, 미네랄, 식이섬유를 섭취하면 피로 해소에 도움이 된다.

가을 겨울철의 추위를 대비해 신선한 식품으로 영양을 보충해두는 것이 좋다. 여러 가지 작물이 풍성하게 나는 때이니 다양하고 풍요로운 밥상을 차린다.

겨울 날씨가 추워지기 때문에 몸의 면역력이 떨어질 수 있다. 비타민을 섭취해 면역력을 기르는 것이 좋다. 배추와 무를 자주 먹어 비타민을 보충한다.

약이 되는 산나물 · 들나물

쑥 살균작용이 뛰어나요

고혈압과 신경통, 부종 등에 좋은 약초다. 진통 · 해독 · 소염작용이 있으며 특히 감기 치료에 효과가 있다. 살균 작용이 뛰어나 피부병에도 효과적이다.

쑥은 단오(5월 5일)가 지나면 약효가 떨어지기 때문에 그 전에 캐는 것이 좋다고 알려져 있다. 초봄에 새싹을 뜯어 햇볕에 말려두었다가 차로 끓여 먹으면 혈압을 낮추는 데 도움이 되고, 인슐린 분비를 촉진해 호르몬을 조절함으로써 당뇨병을 치료한다. 맛이 강해서 음식을 만들어 먹을 경우에는 하루쯤 물에 담가두었다가 쓰는 것이 좋다.

쑥을 말리거나 데쳐서 한 번에 쓸 만큼씩 따로 싸서 냉동실에 넣어두면 1년 내내 먹을 수 있다.

도라지 호흡기질환을 예방해요

철분, 단백질, 칼륨, 칼슘, 엽산, 인, 비타민 C, 아연 등 다양한 영양성분과 식이섬유가 풍부하다. 약효가 좋아 한방 재료로 많이 쓰이며, 특히 산에서 자란 도라지는 효능이 훨씬 뛰어나다.

사포닌이 들어있어 기관지염, 감기, 편도선염, 천식과 같은 호흡기질환의 예방과 치료에 좋고 위의 염증이나 궤양을 억제하는 데도 도움이 된다.

달래 소화기관을 튼튼하게 해요

산과 들에서 자라는 달래는 줄기와 뿌리를 모두 먹을 수 있으며 쌉싸래한 맛이 특징이다.

비장과 신장, 소화기관에 좋고, 뿌리를 생으로 먹거나 갈아서 하루에 세 번씩 물에 타 마시면 위장병과 월경불순을 개선하고 신경안정에 탁월한 효과를 볼 수 있다. 풍부한 칼슘은 빈혈을 예방하고 간장기능을 좋게 한다. 그러나 성질이 따뜻하고 매운맛이 강해 열 때문에 생기는 안질이나 구내염이 있는 사람, 위가 약한 사람은 주의해야 한다.

달래는 뿌리가 클수록 매운맛이 강하다. 연한 것은 양념에 무쳐 먹고, 굵은 것은 된장찌개 등에 넣어 먹는다.

곰취 간기능을 좋게 해요

산간에 군락을 이뤄 자란다. 쌉쌀한 맛과 진한 향이 좋아 생으로 또는 데쳐서 쌈을 싸서 먹거나 볶아 먹는다. 또한 곰취로 된장국을 끓여 먹으면 입맛이 없을 때 식욕을 돋우는 효과가 있다.

곰취는 만성간염, 간기능 저하, 숙취 등에 좋다. 간기능에 이상이 있을 때 참나물과 함께 생즙을 내어 마시면 상당한 효험을 볼 수 있다.

두릅 위암을 예방해요

산기슭이나 골짜기에서 자라는 두릅나무의 어린순이다. 단백질과 비타민 C가 풍부하며 위의 기능을 향상시켜 위경련이나 위궤양을 치료한다. 꾸준히 먹으면 위암도 예방된다. 두릅에는 신경을 안정시키는 칼슘도 많이 들어있어 마음을 편하게 하고 불안, 초조감을 없앤다.

정신적인 긴장이 지속되는 일을 하는 사람과 학생이 먹으면 머리가 맑아지고 숙면에 도움이 된다.

두릅의 생즙을 마시면 통풍, 두통, 신경통에 좋다. 발암물질과 담배에 들어있는 유해물질의 활동성을 90%까지 억제하는 것으로도 밝혀졌다.

산과 들에서 자라는 나물은 영양이 풍부할 뿐 아니라 질병의 예방과 치료에도 뛰어난 효과를 발휘해요.
산성화되어가는 몸을 알칼리성으로 바꾸고 저항력을 길러주죠. 산나물, 들나물의 다양한 효능을 알아봅니다.

냉이 간과 눈 건강에 좋아요

들에서 흔히 볼 수 있는 봄나물로 줄기와 뿌리를 깨끗이 손질해 된장국을 끓여 먹거나 뜨거운 물에 데쳐서 고추장, 된장 등에 무쳐 먹는다.

냉이는 간을 튼튼하게 하고 눈을 밝게 하며 위와 장을 튼튼하게 한다. 비타민, 철분, 칼슘이 많이 들어있어 춘곤증을 없애고 입맛을 돋우며 고혈압, 간장병, 백내장, 녹내장, 패혈증 등에도 좋다. 이뇨작용이 있고 변비를 해소하며 이질, 설사, 복막염 등에도 좋은 효능을 보인다.

냉이 씨를 침대 밑이나 옷장에 넣어두면 벌레가 생기지 않고, 씨앗을 태워서 연기를 피우면 파리가 접근하지 않는다.

원추리 종양과 궤양을 치료해요

강원도에서 가장 이르게 나는 봄나물로 깊은 산에서 자란 것일수록 연하고 부드럽다. 종양, 궤양, 폐결핵, 황달에 큰 효과를 보이며 뿌리는 불면증을 치료하고 마음을 안정시키며 스트레스를 없애는 데 도움을 준다.

원추리를 말려서 해열제로 쓰기도 한다. 말린 원추리를 물에 오랫동안 우려서 마시면 열을 내리는 데 도움이 된다.

원추리는 씁쓸하면서도 담백한 맛이 있어 이른 봄에 솟아 나온 어린순으로 나물을 하거나 국을 끓여 먹으면 좋다. 단 원추리 뿌리에는 약간의 독이 있어 너무 많이 먹으면 신장에 무리가 올 수도 있으니 주의한다.

참취 진통 효과가 좋아요

진통, 해독, 지혈 등에 좋다고 알려져 있으며 근육과 뼈의 통증이나 요통, 두통, 방광염, 장염으로 인한 복통 등에도 효과적이다. 옛날에는 타박상이나 뱀에 물렸을 때 치료약으로 쓰였다고 한다.

최근에는 참취에 발암물질의 작용을 70~90% 억제하는 성분이 있다고 알려져 주목받고 있다. 늦가을이나 이른 봄에 뿌리를 캐서 말린 뒤 잘게 썰어 은근하게 달이거나 가루로 만들어 먹으면 효과를 볼 수 있다.

참취를 데쳐서 국간장으로 양념해 무쳐 먹거나 넓은 잎사귀를 살짝 데쳐 쌈을 싸 먹어도 좋다.

방풍 중풍 치료에 효과 있어요

이름에 중풍을 막는다는 뜻이 담긴 방풍은 풍증을 치료하는 약으로 쓰인다. 춥고 열이 나며 두통, 몸살, 인후통이 있을 때도 좋다. 방풍을 달인 물은 해열작용이 뛰어나고 염증 치료에 효과적이며, 면역기능을 활성화시켜 알레르기와 위궤양을 개선한다.

씀바귀 면역력을 높여요

논과 밭 주위에서 흔히 자라며, 씨앗이 땅에 떨어져 싹이 나면 뿌리가 왕성하게 뻗어나가 번식한다. 씀바귀의 강한 쓴맛은 이른 봄 식욕이 없을 때 입맛을 돋우는 역할을 한다. 염증을 가라앉히는 효과가 있어 예부터 입안이 헐었을 때 짓찧어 붙이거나 즙을 내서 마셨다고 한다.

씀바귀는 항암 효과가 뛰어난 알리파틱, 항산화기능을 가진 시나로사이드 성분이 풍부해서 면역력을 높이고 각종 성인병을 예방한다. 또한 이눌린, 팔미틴, 셀친 등의 성분은 해열, 거담, 천식 치료, 변비 해소 등에 효과가 있다. 최근에는 스트레스 해소, 박테리아 살균작용을 하는 것이 입증되기도 했다.

나물 고르기와 손질 & 보관 요령

냉이 **고르기** 뿌리가 굵은 것이 향이 진하고 단맛이 난다. 잔뿌리가 많은 것, 잎이 연하고 짙은 녹색인 것을 고른다. **손질하기** 누런 잎을 떼고 칼로 뿌리에 붙어있는 흙을 긁어낸 뒤 흐르는 물에 씻는다. 끓는 물에 소금을 조금 넣고 뿌리부터 넣어 데친다. **보관하기** 신문지에 싸서 냉장실에 둔다. 살짝 데쳐 물기를 짜서 얼려도 좋다. 데친 냉이를 랩에 싸서 냉동실에 넣어두면 2~3일 정도 싱싱하게 먹을 수 있다.

미나리 **고르기** 잎이 푸른색을 띠는 것을 고른다. 길이가 길고 속이 꽉 찬 것, 줄기가 두꺼운 것이 좋다. **손질하기** 잎 부분은 향이 약하므로 떼어내고 줄기만 다듬어 씻는다. 끓는 물에 소금을 넣고 살짝 데쳐 찬물에 담가 식힌다. **보관하기** 잎을 떼고 줄기만 다듬어 신문지에 싸서 냉장실에 세워둔다. 데친 것은 물기를 살짝 짜서 비닐봉지에 담아 냉동실에 둔다.

참취 **고르기** 봄철에 나는 참취가 맛과 향이 좋다. 부드럽고 연한 초록색을 띠는 것이 뻣뻣하지 않다. **손질하기** 줄기 끝의 억센 부분을 잘라낸 다음 물에 담가 아린 맛을 뺀다. 말린 취는 따뜻한 물에 충분히 불린 뒤 새 물을 붓고 삶는다. 줄기가 부드러워지면 찬물에 헹군다. **보관하기** 끓는 물에 소금을 조금 넣고 데쳐 찬물에 헹군다. 물기를 살짝 짜서 냉동보관한다.

콩나물 **고르기** 너무 통통한 것보다 적당히 잔뿌리가 있는 것이 좋다. 뿌리 끝이 누렇게 변했거나 머리가 부서진 것은 오래된 것이니 피한다.

손질하기 깍지를 벗겨내고 잔뿌리를 다듬은 뒤 물에 여러 번 헹군다. 용도에 따라 머리와 꼬리를 떼고 줄기만 쓰기도 한다. **보관하기** 깨끗이 씻어 밀폐용기에 담고 물을 부어두면 오래도록 싱싱하게 보관할 수 있다. 삶은 뒤 물기를 빼서 냉장보관하는 것도 좋다.

고사리 **고르기** 줄기가 작고 가늘며, 옅은 갈색을 띠고 털이 적게 나있는 것이 좋다. 향이 진하고 부드러운 것을 고른다. **손질하기** 줄기 끝의 억센 부분을 잘라내고 부드러운 부분만 남긴다. 옅은 소금물에 담가두었다가 헹궈 삶는다. **보관하기** 금방 먹을 것은 젖은 종이에 싸두거나 데쳐서 물에 담아 냉장실에 넣어둔다. 오래 두고 먹으려면 살짝 데쳐 물기를 짠 뒤 지퍼백에 담아 냉동보관한다.

달래 **고르기** 알뿌리가 큰 것이 맛과 향이 좋지만 너무 커도 맛이 덜하다. 뿌리가 깨끗하고 둥글며 줄기가 싱싱한 것을 고른다. **손질하기** 뿌리를 감싸고 있는 껍질을 한 겹 벗겨내고 흐르는 물에 꼼꼼히 씻는다. 뿌리를 칼 옆면으로 살짝 누르면 매운맛이 덜하다. **보관하기** 물을 뿌리고 신문지에 싸서 냉장실에 둔다.

음식은 재료가 좋아야 맛도 좋아요. 나물도 좋은 것을 골라 손질을 잘하면 맛과 영양을 한층 더 살릴 수 있어요.
맛있고 싱싱한 나물 고르기부터 손질법, 보관법까지 지금부터 하나하나 알려드려요.

돌나물　**고르기** 손을 탈수록 풋내가 심해지므로 풋내가 덜 나고 검은 잡티가 없는 것을 고른다.
손질하기 풋내가 많이 나므로 싱싱한 것을 골라서 깨끗하게 다듬은 뒤 소금물에 씻어 풋내를 없앤다. 잎이
으깨지지 않도록 조심한다.
보관하기 깨끗이 씻어 종이타월로 물기를 닦은 뒤 랩에 싸서 냉장실에 둔다.

쑥갓　**고르기** 잎이 진한 녹색이고 윤기가 나는 것이 좋다. 줄기를 꺾어봐서 잘 부러지는 것이 싱싱하다.
손질하기 굵은 뿌리는 잘라내고 잎을 다듬어 흐르는 물에 씻는다. 끓는 물에 굵은 줄기부터 넣어
잠깐 데쳐서 찬물에 재빨리 헹군다.
보관하기 신문지에 싸서 분무기로 물을 뿌려 냉장실에 둔다. 소금물에 살짝 데쳐 냉동보관하면 오래 둘 수
있다.

참나물　**고르기** 여리고 줄기가 가는 것이 맛있다. 줄기가 억세지 않은 것을 고른다.
손질하기 억센 부분을 떼고 씻는다. 끓는 물에 소금을 넣고 살짝 데쳐 찬물에 헹군다.
보관하기 물기가 생기지 않도록 종이타월에 감싸서 비닐봉지에 담아 냉장실에 둔다.

시금치　**고르기** 색깔이 짙고 크기가 고른 것으로 마르지 않고 싱싱한 것을 고른다. 잎이 선명한 녹색을 띠며 윤기 있
는 것이 좋다.
손질하기 흙을 털고 밑동을 잘라낸 뒤 누런 잎을 떼고 굵은 것은 반 갈라 씻는다. 끓는 물에 소금을 넣고 뿌
리 쪽부터 넣어 뚜껑을 연 채 데친다.
보관하기 물에 씻지 말고 다듬기만 해 신문지에 싸서 냉장실에 둔다. 분무기로 물을 뿌려두면 더 오래 간다.

말린 나물 손질법과 보관법

손질은
따뜻한 물에 담가 하룻밤 정도 충분히 불린 뒤 푹 삶아
여러 번 헹군다. 시래기와 토란대 등 잡냄새가 많이 나
는 채소는 다시 물에 담가 냄새를 우려낸다. 무말랭이,
호박고지 등의 연한 채소는 삶으면 뭉그러지므로 미지
근한 물에 30분 정도 부드럽게 불려서 여러 번 헹궈 물
기를 짠다.

보관은
말린 나물은 부서지기 쉬우므로 먼지가 끼지 않도록 비
닐봉지에 담아 눌리지 않게 둔다. 습기가 많으면 곰팡이
가 생기니 서늘하고 바람이 잘 통하는 곳에 둔다. 불린
나물은 물기가 있는 상태로 한 번 먹을 양씩 나눠 지퍼
백에 펼쳐 담아 냉동보관한다. 물기를 꼭 짜서 두면 질
겨진다.

맛과 영양을 높이는 요리 비법

생나물

깨끗이 씻어요

조리하지 않고 생으로 먹는 음식이
기 때문에 깨끗하게 다듬는 일이 무
엇보다 중요하다. 깔끔하게 다듬어
흐르는 물에 여러 번 씻는다.

앙념 넣는 순서를 지켜요

초무침은 설탕과 식초를 먼저 넣어 무친 다음에 고춧가
루, 간장 순으로 넣는다. 간장이나 소금을 먼저 넣으면
다른 양념이 잘 배지 않는다. 무생채는 먼저 고춧가루만
넣고 버무려 고춧물을 들인 뒤에 다른 양념을 넣어야 색
이 곱다. 초고추장무침은 한꺼번에 넣고 섞어도 된다.

물기를 빼요

나물의 물기를 탈탈 털어 무친다. 물기가 많으면 음식이
지저분하고 맛이 없다. 오이, 무 등 단단한 채소는 소금
에 살짝 절였다가 물기를 꼭 짜서 무쳐야 물이 생기지 않
고 간도 잘 밴다.

먹기 직전에 무쳐요

양념장을 미리 만들어두었다가 상
에 내기 바로 전에 무친다. 미리 무
쳐두면 물이 생겨 양념이 겉돌고 싱
거워진다.

무침나물

재료의 맛을 살려요

양념을 강하지 않게 해 재료의 맛
과 향을 살린다. 너무 짜거나 달면
숙채의 제 맛을 낼 수 없다. 살짝 데
쳐 담백하게 양념해 골고루 배어들
도록 무친다.

뿌리부터 데쳐요

시금치, 쑥갓 등 잎채소는 끓는 물
에 넣었다 꺼내는 정도로 살짝 데
치고, 밑동이나 뿌리가 있는 나물
은 단단한 부분부터 넣어 데친다.
줄기가 억센 나물은 억센 부분을
잘라 내고 데친다.

데쳐서 곧바로 찬물에 헹궈야 색이 선명해요

잎채소는 데쳐서 그대로 두면 열이 남아있어 잎이 물러
지고 색이 변한다. 데치고 나서 곧바로 찬물에 헹군다.
하지만 너무 많이 헹구면 맛이 떨어지므로 한두 번 정도
만 헹군다.

물기를 꼭 짜지 마세요

나물을 데쳐 물기를 짤 때 80% 정도만 짜는 것이 좋다.
너무 꼭 짜면 부드럽지 않고 간도 잘 배지 않는다. 콩나
물, 숙주, 가지 등은 물기를 짜지 않고 삶아 건져놓았다
가 식으면 그대로 무친다.

계절 나물은 된장이나 고추장이 어울려요

두릅, 냉이 등의 계절 나물을 된장이나 고추장에 무치면
칼칼하고 구수한 맛이 좋다. 씀바귀같이 쌉쌀하고 향이
강한 나물은 초고추장에 무치면 쓴맛이 줄어든다.

아삭한 생나물에서 구수한 묵은 나물까지 나물은 다양한 만큼 맛내기도 쉽지 않아요. 재료에 따라, 조리법에 따라 달라지는 나물 맛내기, 몇 가지만 기억하면 깔끔하고 깊은 맛을 낼 수 있어요.

볶음나물

미리 양념해서 볶아요
볶으면서 바로 양념하면 잘 배지 않아 깊은 맛이 나지 않는다. 데치거나 삶아서 물기를 짠 뒤 양념에 조물조물 무쳐서 볶아야 간이 잘 배어 맛있다.

말린 나물은 충분히 불려요
시래기, 토란대, 고사리 등의 말린 나물은 충분히 우려야 냄새가 나지 않는다. 따뜻한 물에 불려서 부드러워질 때까지 푹 삶은 뒤 다시 한 번 물에 담가 우린다.

물기가 남아있어야 부드러워요
나물을 데치거나 삶은 뒤 꽉 짜지 않는다. 물기가 어느 정도 있어야 부드럽게 볶아진다. 시래기나 토란대처럼 질긴 나물은 삶아서 얇은 껍질을 벗겨내야 부드럽다.

국간장으로 간해요
국간장으로 간을 하면 감칠맛이 난다. 국간장은 짜기 때문에 많이 넣지 않도록 주의하고, 색이 너무 진해질 경우에는 소금과 섞어 쓴다. 들기름도 볶음나물과 잘 어울린다.

말린 나물은 물을 부어 푹 익혀요
말린 나물은 무르게 익혀야 맛있다. 양념한 나물을 볶다가 냄비 가장자리로 물을 조금 돌려 붓고 뚜껑을 덮어 뜸을 들인다. 나물이 익으면 뚜껑을 열고 불을 약하게 줄여 바특하게 익힌다.

자주 쓰는 나물 양념

된장 양념
된장 2큰술, 국간장 2작은술, 다진 파 · 다진 마늘 1큰술씩, 참기름 · 깨소금 1큰술씩
어울리는 나물 | 냉이무침, 우거지된장무침, 근대무침, 곤드레나물, 시래기나물 등에 쓰면 좋다. 구수하고 깊은 맛이 난다.

국간장 양념
국간장 2큰술, 다진 파 1/2큰술, 다진 마늘 2작은술, 참기름 · 깨소금 1큰술씩
어울리는 나물 | 취나물, 고사리, 토란대, 고구마줄기 등을 볶을 때 쓴다. 색이 연하고 단맛이 적은 국간장으로 맛을 내 재료의 맛이 살면서 은근한 감칠맛이 난다.

고추장 양념
고추장 2큰술, 식초 2큰술, 설탕 2작은술, 다진 마늘 1큰술, 참기름 · 깨소금 1큰술씩
어울리는 나물 | 씀바귀, 방풍 등 쌉쌀하거나 향이 강한 나물과 어울린다. 새콤달콤한 맛이 입맛을 돋운다.

소금 양념
다진 파 · 다진 마늘 2작은술씩, 참기름 · 깨소금 1큰술씩, 소금 적당량
어울리는 나물 | 콩나물, 숙주, 시금치 등을 무치거나 도라지, 오이 등을 볶으면 고소하고 깔끔한 맛이 난다. 미리 만들어둘 필요 없이 바로바로 넣어 무치거나 볶는다.

Part 1

생나물

땅에서 가져다가 바로 무쳐 먹는 생나물은 영양이 그대로 살아
있는 것이 특징이에요. 풋풋한 향기와 아삭아삭한 맛은 입맛을
돋우고 기분까지 산뜻하게 만들어요. 새콤달콤한 초무침부터
싱싱한 겉절이까지 다양한 생나물로 밥상이 산과 들이 돼요.

참나물

참나물은 대표적인 알칼리성 식품으로 봄철 입맛이 없을 때 특별한 향으로 입맛을 돋우는 건강 나물이에요. 잎이 부드럽고 소화가 잘 되며 식이섬유가 많아 변비에도 좋아요.

들어가는 재료

참나물 400g
오이 1/4개

무침 양념

고춧가루 1½큰술
다진 파 3큰술
다진 마늘 1큰술
설탕 1큰술
멸치액젓 1큰술
들깨가루 1큰술
소금·참기름 조금씩

1 **참나물 다듬기** 참나물은 깨끗이 씻어 짧게 썬다.

2 **오이 썰기** 오이는 반 갈라 어슷하게 썬다.

3 **양념에 무치기** 무침 양념 재료를 모두 섞어 참나물과 오이에 넣고 골고루 버무린다.

· · · 참나물은 짙은 초록색을 띠는 것이 좋아요. 벌레 먹거나 시든 잎이 없는 것을 고르세요. 남은 것은 분무기로 물을 뿌리고 신문지나 종이타월로 감싸서 냉장고에 넣어두면 신선함을 오래 유지할 수 있어요.

치매 예방에 도움이 돼요

참나물은 철분이 풍부하게 들어있어 빈혈을 막고, 뇌의 활동을 활성화시켜 치매 예방에 도움이 돼요. 잎이 부드러워 소화가 잘 되고, 식이섬유가 많아 변비에도 도움이 됩니다.

도라지오이생채

아작아작 씹히는 도라지에 상큼한 오이를 섞어 고추장 양념으로 버무렸어요. 새콤달콤한 맛이 나서 봄철 입맛 돋우는 데 그만이에요.

들어가는 재료

도라지 200g
오이 1/2개
소금 2큰술

무침 양념

고추장·고춧가루 1큰술씩
설탕·식초 1큰술씩
다진 파 1큰술
다진 마늘 1작은술
깨소금 1작은술

1 **도라지 다듬기** 도라지는 가늘게 갈라 긴 것은 적당히 썬다. 손질한 도라지는 소금을 뿌리고 주무른 뒤 물에 충분히 헹궈 쓴맛을 뺀다.

2 **오이 절이기** 오이는 반 갈라 어슷하게 썰어 소금에 절인 뒤 물기를 가볍게 짠다.

3 **양념에 무치기** 무침 양념 재료를 모두 섞어 도라지와 오이에 넣고 조물조물 무친다.

· · · 도라지를 소금으로 주물러 씻은 뒤 바로 헹구지 않고 10분 정도 담가두었다가 무쳐도 좋아요. 쓴맛이 없어지면서 간도 뱁니다.

가래를 삭이고 기관지를 보호해요

도라지는 식이섬유와 칼슘, 철분이 많은 알칼리성 식품으로 가래를 삭이고 콜레스테롤을 낮추며 폐와 기관지 건강에 아주 좋아요. 또한 사포닌이 풍부해 면역력을 강화시켜요.

달래무침

매콤하면서 상큼한 향이 좋은 달래를 새콤달콤하게 양념하면 온가족의 입맛을 살리는 특별한 반찬이 돼요. 먹고 남은 달래무침은 송송 썰어 달래장을 만들어도 좋아요.

들어가는 재료

달래 400g
참기름 조금

무침 양념

간장·고춧가루 2큰술씩
설탕 1큰술
식초 1큰술
다진 마늘 1큰술
소금·깨소금 조금씩

1 **달래 다듬기** 달래는 껍질과 뿌리를 깨끗이 다듬은 뒤 물에 흔들어 씻어 건진다.

2 **달래 썰기** 씻은 달래를 5~6cm 길이로 썬다.

3 **양념에 무치기** 달래에 무침 양념 재료를 모두 넣고 골고루 무친다. 상에 내기 직전에 참기름을 조금 넣고 버무린다.

· · · 달래는 뿌리째 먹기 때문에 뿌리 부분을 꼼꼼히 씻어야 해요. 뿌리를 물에 잠시 담가서 흔들어 씻으면 흙이 남지 않고 잘 씻겨요.

신진대사를 돕고 춘곤증을 물리쳐요

달래는 비타민 C와 철분이 풍부해서 신진대사를 도와요. 춘곤증을 이기는 데 아주 효과적이지요. 또한 달래의 알리신 성분은 항산화기능과 항암 효과가 뛰어나 우리 몸의 면역기능을 높이고 저항기능을 키워줘요.

돌미나리무침

돌미나리는 보통의 미나리보다 가늘고 짧으며 마디가 없는 게 특징이에요. 연하고 부드러워서 무쳐 먹기 좋은데 오이와 함께 버무리면 상큼하고 향긋해요.

들어가는 재료

미나리 200g
오이·양파 1/4개씩
풋고추·붉은 고추
1/2개씩
쪽파 1뿌리

무침 양념

고춧가루 2큰술
간장 1½큰술
설탕 1/2작은술
다진 마늘 1/2작은술
소금·참기름·통깨
조금씩

1 **미나리 썰기** 미나리는 흐르는 물에 깨끗이 씻어 물기를 빼고 5~6cm 길이로 썬다.

2 **오이·고추 썰기** 오이는 반 갈라 어슷하게 썰고, 풋고추와 붉은 고추는 통으로 어슷하게 썬다.

3 **양파·쪽파 썰기** 양파는 껍질을 벗겨 2~3cm 길이로 채 썰고, 쪽파도 다듬어서 같은 길이로 썬다.

4 **양념에 무치기** 준비한 미나리와 채소를 한데 담고 무침 양념 재료를 모두 넣어 골고루 버무린다.

· · · 돌미나리는 손질할 게 거의 없어요. 흐르는 물에 담가 두세 번 흔들어 씻은 뒤 물기를 빼서 양념하면 싱싱한 맛을 즐길 수 있어요.

혈액순환을 돕고 숙취 해소에 좋아요

돌미나리에 풍부한 비타민 A와 B군이 항암·항바이러스작용을 하고, 알코올 해독능력이 있어 숙취를 푸는 데도 도움이 됩니다. 기관지와 폐 등 호흡기관을 보호하는 효능이 있어 황사가 찾아오는 봄철에 먹으면 좋아요. 독특한 향이 식욕을 돋우고 혈액순환을 좋게 합니다.

무생채

아삭아삭한 무를 매콤하고 새콤달콤한 양념으로 버무렸어요. 무의 시원함과 깨소금의 고소함이 어우러져 입에 착 감겨요. 무 하나만 있으면 누구나 쉽게 만들 수 있어요.

들어가는 재료

무 400g
고운 고춧가루 2큰술
식초 조금

무침 양념
멸치액젓 2큰술
설탕 2작은술
식초 1큰술
다진 파 1큰술
다진 마늘 1작은술
생강즙 1/3작은술
깨소금 2작은술
소금 조금

1 **무 썰기** 무는 껍질을 벗기고 얄팍하게 저며 썬 뒤 다시 곱게 채 썬다.

2 **고춧가루에 버무리기** 무채에 고운 고춧가루를 넣고 고루 버무려 고춧물을 들인다.

3 **양념 만들기** 멸치액젓과 식초·설탕·소금을 섞은 다음 다진 파·다진 마늘·깨소금·생강즙을 넣고 고루 섞어 무침 양념을 만든다.

4 **양념에 버무리기** 무채에 무침 양념을 넣고 맛이 배도록 버무린다. 먹기 직전에 식초를 넣어 살짝 버무린다.

· · · 식초는 음식이 물러지는 것을 막는 효과가 있어요. 무생채를 양념에 버무린 뒤 마지막에 식초를 넣어 버무리세요. 무가 물러지지 않고 아삭한 맛이 살아나요.

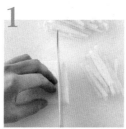  

소화 흡수를 도와요

무는 수분과 비타민 A·B·C가 풍부하고 디아스타제라는 효소가 있어 소화 흡수를 도와요. 무의 식이섬유는 장 속의 노폐물을 배출시켜 대장암을 예방하지요. 속이 쓰릴 때, 기침이나 목이 아플 때, 열이 날 때도 효과가 있고 숙취 해소에도 도움이 됩니다.

돌나물

풋풋한 봄기운이 듬뿍 느껴지는 돌나물을 간장 양념과 고추장 양념으로 버무렸어요. 고추장 양념에 사과를 넣고 함께 무치면 상큼한 맛이 더해져서 좋아요.

고추장무침

들어가는 재료

돌나물 300g, 사과 1/2개,
붉은 고추 1/3개, 참기름 1큰술
고추장 양념 고추장 1½큰술,
설탕 1/2큰술, 식초 1큰술,
다진 마늘·생강즙 1작은술씩,
검은깨 1작은술

1 **돌나물 다듬기** 돌나물은 다듬어 흐르는 물에 살살 씻은 뒤 물기를 뺀다.

2 **사과·고추 썰기** 사과는 깨끗이 씻어 채 썰고 붉은 고추는 송송 썬다.

3 **양념에 무치기** 양념을 섞어 돌나물과 사과를 무친다. 먹기 직전에 참기름을 넣는다.

간장무침

들어가는 재료

돌나물 300g, 참기름 1큰술
간장 양념 고춧가루 1½큰술,
멸치액젓·설탕·식초 1큰술씩,
간장 1/2큰술, 다진 파 1큰술,
다진 마늘 1/2큰술,
생강즙 1작은술, 소금 1작은술

1 **돌나물 다듬기** 돌나물은 다듬어 흐르는 물에 살살 씻은 뒤 물기를 뺀다.

2 **양념에 무치기** 간장 양념 재료를 고루 섞어 돌나물에 넣고 가볍게 무친다.

3 **참기름으로 맛내기** 먹기 직전에 참기름을 넣고 살짝 버무린다.

· · · 생으로 무치는 나물에는 들기름을 넣지 마세요. 신선한 봄나물에 들기름을 넣으면 상큼함이 사라지기 때문이에요.

칼슘이 풍부해 골다공증을 예방해요

돌나물은 칼슘이 우유의 2배나 많아 골다공증 예방에 좋아요. 여성호르몬인 에스트로겐 대체 물질이 들어있어 갱년기 우울증에 특히 좋지요. 소염, 살균, 해독 등의 효능이 있어 감염성 염증과 급성기관지염에 효과를 발휘해요.

더덕무침

쌉쌀한 맛이 일품인 더덕을 결대로 찢어 식초, 참기름, 고추장 양념에 버무린 생채예요. 더덕을 방망이로 두들기면 쉽게 찢을 수 있어요.

들어가는 재료

더덕 200g

고추장 양념
고추장·국간장 1큰술씩
고춧가루 1/2큰술
식초·참기름 1큰술씩
물엿 1/2큰술
다진 파 1큰술
다진 마늘 1/2작은술

1 **더덕 손질하기** 더덕은 껍질을 벗기고 반 갈라 방망이로 두드려 부드럽고 납작하게 편 다음, 찬물에 담가 쓴맛을 빼내고 물기를 닦는다.

2 **더덕 찢기** 손질한 더덕을 손으로 찢는다.

3 **양념 만들기** 고추장 양념 재료를 고루 섞는다.

4 **양념에 무치기** 찢은 더덕에 고추장 양념을 넣고 고루 무친다.

··· 더덕을 너무 약하게 두들기면 부드럽지 않고 너무 세게 두들기면 뚝뚝 끊어져버려요. 힘을 잘 조절하는 게 맛있게 만드는 비결이에요.

기침과 가래를 가라앉혀요

더덕에는 사포닌, 이눌린, 칼륨, 칼슘, 비타민 B군 등이 풍부해요. 사포닌은 기침을 멎게 하고 가래를 가라앉히는 데 효과가 있어 편도선염, 인후염, 기관지염 같은 호흡기질환에 좋아요. 몸이 허약하고 추위를 잘 타는 사람에게 좋고, 강장제로도 쓰여요.

치커리유자무침

치커리를 주재료로 해서 상추, 적양배추, 무순 등으로 신선한 맛을 살린 건강 나물이에요. 치커리와 상추의 쌉싸름한 맛이 입맛을 돋워요. 냉장고에 있는 재료를 잘 배합해보세요.

들어가는 재료

치커리 300g
상추·적양배추 50g씩
비트 1/3개
무순 조금

유자 소스

간장·청주·물 2큰술씩
유자청 1큰술
레몬즙 2작은술
깨소금 조금

1 **치커리 손질하기** 치커리는 흐르는 물에 여러 번 씻은 뒤 물기를 털고 먹기 좋은 크기로 자른다.

2 **채소 준비하기** 상추는 씻어 적당히 자르고, 적양배추는 채 썬다. 비트는 껍질을 벗겨 채 썰고, 무순은 씻어서 물기를 턴다.

3 **유자 소스 만들기** 냄비에 간장과 맛술, 물을 넣고 살짝 끓여서 식인 다음 유자청, 레몬즙, 깨소금을 넣고 섞어 유자 소스를 만든다.

4 **채소 무치기** 준비한 채소에 소스를 넣어 살살 버무린 다음 접시에 담는다.

쌉쌀한 맛이 입맛을 돋워요

치커리는 특유의 쌉쌀한 맛이 소화를 촉진하고 입맛을 돋우는 효과가 있어요. 쓴맛을 내는 성분은 '인티빈'이라고 하는데, 심혈관계를 튼튼하게 하고 항산화작용을 해 노화와 암을 예방하는 효과가 있습니다.

부추겉절이

부추는 피를 맑게 하는 식품으로 알려져 있어요. 독특한 향미가 물씬 풍기는 부추로 나물을 무쳐 먹으면 혈액순환이 좋아지고 스태미나가 살아나요.

들어가는 재료

부추 200g
통깨 조금

겉절이 양념

고춧가루 1큰술
간장·멸치액젓 1큰술씩
참기름 1/2큰술
깨소금 1큰술

1 **부추 다듬기** 가늘고 부드러운 부추를 골라 누런 잎과 지저분한 껍질을 벗기고 물에 깨끗이 헹궈 물기를 뺀다.

2 **부추썰기** 부추는 5cm 길이로 썬다.

3 **양념에 버무리기** 그릇에 부추를 담고 겉절이 양념을 넣어 고루 버무린다.

4 **통깨 뿌리기** 그릇에 부추겉절이를 담고 통깨를 솔솔 뿌린다.

3

신진대사를 활발하게 해요

부추는 따뜻한 성질을 가진 대표 채소로 신진대사를 활발하게 해요. 비타민 A와 비타민 B군이 풍부하고 단백질도 많지요. 감기를 예방하고, 강한 항균작용이 있어 위장을 깨끗하게 만들어요. 특유의 향이 고기나 생선의 냄새를 없애기 때문에 함께 먹으면 좋아요.

상추겉절이

상추를 겉절이 양념에 버무려 먹으면 쌉쌀한 맛이 식욕을 돋워요. 상추는 오래 두기 힘든 채소라서 쌈으로 먹고 남은 걸로 겉절이를 만들면 좋아요.

들어가는 재료

상추 300g
양파 1/3개

양념장
간장 3큰술
고춧가루 2큰술
설탕 1큰술
식초 2큰술
물 1큰술
참기름·깨소금 조금씩

1 **상추 준비하기** 상추는 깨끗이 다듬어 씻은 뒤 한 입 크기로 뜯어 찬물에 담가놓는다.

2 **양파 썰기** 양파는 채 썬 뒤 물에 헹궈 매운맛을 뺀다.

3 **양념장 만들기** 양념장 재료를 모두 섞는다.

4 **양념장 끼얹기** 상추와 양파를 건져 물기를 턴 뒤 그릇에 담고 양념장을 끼얹는다.

4

고기와 함께 먹으면 맛과 영양이 보충돼요

상추는 비타민과 미네랄이 풍부해서 고기와 함께 먹으면 맛과 영양을 보충할 수 있어요. 필수 아미노산이 풍부해 피로 해소에 좋고, 진통과 진정 효과가 있어 잠이 잘 오게 하죠. 빈혈과 골다공증 예방에도 효과가 있어 여성에게 좋은 식품이에요.

봄동겉절이

어리고 연한 배추인 봄동은 아삭아삭하고 향이 진해요. 초봄에 나는 싱싱한 봄동을 겉절이 양념에 버무리고 참기름으로 맛을 내면 입맛이 살아나요.

들어가는 재료

봄동 200g
풋마늘대 6대
통깨 조금
소금 적당량

겉절이 양념

고춧가루 2큰술
설탕 1큰술
양파즙 1/2큰술
다진 마늘 1큰술
식초 1작은술
소금·참기름 조금씩

1 **봄동 절이기** 봄동은 잎을 떼어 씻은 후 소금을 조금 뿌려 숨이 죽을 만큼 절인다. 절여지면 물기를 뺀다.

2 **풋마늘대 썰기** 풋마늘대는 연한 부분을 골라 4cm 정도 길이로 썬다.

3 **양념 만들기** 겉절이 양념 재료를 분량대로 넣고 고루 섞는다.

4 **양념에 버무리기** 절인 봄동과 풋마늘대를 한데 담고 겉절이 양념을 넣어 버무린 후 통깨를 뿌린다.

· · · 봄동은 배추보다 수분이 많아 씻어서 바로 버무리면 신선한 맛이 좋아요. 먹기 직전에 무쳐야 숨이 죽지 않고 아삭해요.

암과 노화를 예방해요

봄철 대표 채소인 봄동은 항암·항노화 효과가 있는 베타카로틴이 배추의 30배나 되고, 아미노산, 칼슘, 칼륨, 인 등이 풍부해 빈혈과 동맥경화를 예방합니다. 비타민이 많아 피로 해소에 좋고, 찬 성질을 가지고 있어 몸에 열이 많은 사람에게 특히 좋아요.

배추겉절이

김장김치의 맛이 떨어지는 봄에 며칠 먹을 만큼씩 버무려 먹으면 좋아요. 가볍게 훌훌 버무려 생채처럼 바로 먹어야 맛있어요.

들어가는 재료

배추 속대 300g
굵은 소금 3큰술
당근·오이 1/3개씩
실파 4뿌리
풋고추 2개
붉은 고추 1/2개

겉절이 양념

고춧가루·물 4큰술씩
설탕 2큰술
다진 파 3큰술
다진 마늘·참기름·통깨·
간장·소금 1큰술씩
다진 생강 1작은술

1 **채소 준비하기** 배추 속대는 손으로 길게 찢어 소금에 절인 뒤 긴 것은 반 자른다. 당근과 오이, 고추는 어슷하게 썰고 실파는 4cm 길이로 썬다.

2 **양념에 버무리기** 고춧가루를 물에 잘 개고 나머지 재료를 모두 섞어 겉절이 양념을 만든 뒤 절인 배추 속대에 넣고 살살 버무린다.

· · · 겉절이 양념이 배추와 잘 어우러지지 않을 때는 양념에 밀가루풀이나 찹쌀풀을 넣으면 좋아요. 설탕을 조금 줄이고 대신 물엿을 넣으면 윤기가 더해져 더 맛깔스럽게 보여요. 오이와 풋고추, 미나리 등을 같이 넣고 버무려도 맛있어요.

비타민과 식이섬유가 풍부해요

배추는 국을 끓이거나 김치를 담가도 비타민 C가 잘 파괴되지 않아 겨울철 비타민 공급원으로 좋아요. 식이섬유가 풍부해 배변을 도우며, 즙을 내어 마시면 머리가 맑아지고 갈증과 숙취가 풀리는 효과가 있어요.

오이초무침

오이와 양파를 새콤달콤하게 무쳐 먹으면 상큼해요.
하루 정도 냉장고에 두면 양념이 잘 배어 맛이 좋아져
요. 오이를 절여서 살짝 짜야 아삭해요.

들어가는 재료

오이 1개
양파 1/2개
소금 조금

무침 양념
식초 1큰술
소금·고춧가루 1/2큰술씩
다진 마늘 1작은술
설탕·깨소금 1작은술씩

1 **오이 절이기** 오이를 얇게 썰어 소금을 뿌려 30분 정도 절인 뒤 물에 살짝
   헹궈 물기를 짠다.

2 **양파 채 썰기** 양파는 반 갈라 채 썬다.

3 **양념에 무치기** 오이와 양파를 한데 담고 무침 양념을 넣어 무친다.

열을 내리고 고혈압을 예방해요

오이는 칼로리가 낮고 엽록소와 비타민 C가 풍부해 다이어트
와 피부미용에 좋아요. 열을 내려주고, 이뇨를 도우며, 풍부한
칼륨이 나트륨을 배출해 혈압을 낮추는 효과도 있지요. 꼭지
부분에 영양이 많으므로 많이 잘라내지 않는 것이 좋아요.

노각무침

완전히 자라 껍질이 누렇게 익은 오이가 노각이에요. 오이보다 수분이 많아 더 부드럽고 진한 맛을 자랑하죠. 제철인 여름에 무쳐 먹으면 시원한 맛이 더위를 식혀줍니다.

들어가는 재료

노각 1개
소금 1큰술
참기름·깨소금 조금씩

무침 양념

고추장 2큰술
식초 2큰술
설탕 1큰술
다진 파 1큰술
다진 마늘 1작은술

1 **노각 다듬기** 노각은 껍질을 벗기고 반 갈라 속을 파낸 뒤 길게 채 썬다.

2 **노각 절이기** 채 썬 노각에 소금을 뿌려 20~30분 정도 절인 뒤 물기를 꼭 짠다.

3 **양념에 무치기** 무침 양념을 만들어 절인 노각에 넣고 골고루 무친다. 마지막에 참기름과 깨소금을 넣고 버무린다.

· · · 노각은 꼭지 부분이 쓴맛이 강하니 조리할 때 반드시 잘라내세요.

몸속 노폐물을 배출시켜요

노각은 수분과 식이섬유가 많아 포만감을 주고 칼로리가 낮아 다이어트에 좋아요. 노각에 풍부한 칼륨은 몸속의 노폐물을 배출시켜 피부를 좋게 하지요. 칼륨은 또 염분 배출을 돕기 때문에 고혈압을 예방하는 데도 효과가 있어요.

오이지무침

끓는 소금물을 부어 절인 오이지는 오독오독 아삭거리는 맛이 매력이죠. 물에 담가 짠맛을 없애고 물기를 꼭 짜서 새콤달콤하게 양념하면 입맛 없는 여름철 별미예요.

들어가는 재료

오이지 2개
고춧가루 1큰술
참기름 1큰술
식초 1/2큰술
설탕 2작은술
다진 파 1큰술
다진 마늘 1작은술
깨소금 조금

1 **오이지 짠맛 빼기** 오이지는 물에 담가 짠맛을 적당히 뺀다.

2 **오이지 썰기** 짠맛을 뺀 오이지는 동그란 모양을 살려 얇게 썬 다음 물기를 꼭 짠다.

3 **양념으로 무치기** 오이지에 무침 양념 재료를 모두 넣고 조물조물 무친다.

입맛을 살릴 수 있어요

오이는 수분이 많고 비타민이 풍부한 대표적인 여름 채소예요. 생채로 먹으면 영양 효율을 높일 수 있지만, 두고두고 먹으려면 제철일 때 넉넉히 오이지를 담가보세요. 더위에 잃은 입맛을 되살려줘요.

신김치무침

시어진 김치로 무침을 해도 맛있어요. 신 김치를 물에 헹궈 물기를 꼭 짠 뒤 송송 썰어서 참기름과 설탕으로 양념하면 김치의 새콤한 맛과 고소하고 달콤한 맛이 어울려 별미입니다.

들어가는 재료

신 김치 200g
참기름 1/2큰술
설탕 1/2큰술
깨소금 2작은술
고춧가루 조금

1 **신 김치 헹구기** 신 김치는 속을 털어내고 찬물에 헹군 뒤 물기를 꼭 짠다.

2 **송송 썰기** 물기 짠 김치를 고르게 펼쳐놓고 2cm 크기로 송송 썬다.

3 **무침 양념으로 무치기** 그릇에 김치를 담고 참기름, 설탕, 깨소금, 고춧가루를 넣어 조물조물 무친다.

· · · 김치를 너무 많이 헹구면 싱거워질 수 있어요. 그럴 때는 소금으로 간을 맞추세요.

김치는 유산균이 풍부한 건강식품이에요

김치는 채소를 주재료로 한 발효식품이에요. 숙성되면서 유산균이 더욱 풍부해지는데, 김치의 유산균이 장내 유해세균의 번식을 막고 암을 예방하는 효과가 있다고 연구 결과 밝혀졌어요.

파채무침

파는 향긋한 냄새와 아삭함으로 음식의 맛과 영양을 높이는 대표 향신채소예요. 파채무침은 반찬으로는 물론 고기에 곁들여도 좋아요.

들어가는 재료

대파 2뿌리

무침 양념
고춧가루 1큰술
소금·설탕 1작은술씩
식초 1큰술
참기름·깨소금 1작은술씩

1 **대파 다듬기** 대파는 껍질을 벗기고 뿌리를 자른 뒤 깨끗이 씻는다. 흰 부분과 푸른 부분을 나누어 10cm 길이로 썬다.

2 **대파 썰기** 대파를 반 갈라 엎어놓고 길고 가늘게 채 썬다. 찬물에 30분 정도 담가 매운맛을 뺀다.

3 **양념에 무치기** 채 썬 대파를 건져 물기를 뺀 뒤 무침 양념을 넣어 무친다.

· · · 파채 칼로 파를 죽죽 빗어내려 썰면 편해요. 파채도 고르게 나옵니다.

냄새를 없애고 살균작용을 해요

파에는 단백질, 당질, 칼슘, 인, 철분, 니드륨, 칼륨, 비타민 A 등이 들어있어요. 향을 내는 성분인 알리신은 고기나 생선의 냄새를 없애고 살균·살충작용을 하지요. 피로와 흥분을 가라앉히며 소화를 돕고 몸을 따뜻하게 하는 효능도 있어요.

무말랭이무침

무말랭이를 짭짤하게 양념한 밑반찬이에요. 무를 먹기 좋게 썰어 말려두었다가 두고두고 무쳐 먹으면 좋아요.

들어가는 재료

무말랭이 200g
고춧잎 30g
간장 1/3컵

무침 양념

설탕·물엿 1큰술씩
멸치액젓 1큰술
고춧가루 1/2큰술
다진 마늘 1작은술
통깨 1큰술
참기름 1/2큰술
실고추 조금
물 2큰술

1 **무말랭이 손질하기** 무말랭이는 물에 씻어 건져 물기를 꼭 짠다.

2 **고춧잎 불려 짜기** 고춧잎은 물에 불려 부드럽게 한 뒤 꼭 짠다.

3 **간장에 담그기** 불려서 물기 짠 무말랭이에 간장을 부어 20분 정도 담갔다가 건진 뒤 고춧잎과 한데 담는다.

4 **양념에 무치기** 무말랭이와 고춧잎에 무침 양념을 넣어 힘 있게 무쳐 꼭꼭 눌러 병에 담아둔다. 실온에 반나절 정도 두면 맛이 든다.

••• 무말랭이를 너무 오랫동안 물에 불리면 단맛이 빠지고 아작아작한 맛이 없어져요. 10분 정도 불려서 물에 재빨리 씻으세요.

비타민이 풍부하고 다이어트에 좋아요

무말랭이는 칼로리가 낮아 다이어트에 좋고, 식이섬유가 풍부해서 변비로 고생하는 사람들에게 효과가 있어요. 비타민이 풍부해서 예부터 추운 겨울철에 부족하기 쉬운 비타민의 공급원이었어요.

나물 샐러드

Plus Recipe

참나물샐러드

들어가는 재료

참나물 80g, 상추 40g
양파 드레싱 다진 양파 2큰술,
간장·식초·설탕·통깨 1큰술씩

1 **참나물 썰기** 참나물은 씻어서 5cm 길이로 썬 뒤 찬
   물에 담가두었다가 물기를 뺀다.

2 **상추 뜯기** 상추는 씻어서 먹기 좋게 뜯어 찬물에 담
   가두었다가 물기를 뺀다.

3 **접시에 담고 드레싱 뿌리기** 접시에 참나물과 상추를
   담고 양파 드레싱을 고루 뿌린다.

시트러스시금치샐러드

들어가는 재료

시금치 120g, 오렌지·자몽 1/2개씩, 사과 1/4개,
캐슈너트 20g
발사믹 드레싱 발사믹 식초 3큰술, 올리브오일 1½큰술,
다진 마늘 2작은술, 소금 1작은술, 후춧가루 조금

1 **시금치 씻기** 시금치는 깨끗이 씻어 물기를 뺀다.

2 **시트러스 과일 준비하기** 오렌지와 자몽은 껍질을 벗
   겨 반달 모양으로 얇게 썬다.

3 **사과 썰기** 사과는 깨끗이 씻어 껍질째 반달 모양으로
   얇게 썬 뒤 설탕물에 담가둔다.

4 **접시에 담기** 준비한 재료를 접시에 담고 캐슈너트를
   뿌린 뒤 드레싱을 뿌린다.

신선한 제철 나물로 샐러드를 만들어도 좋아요.
드레싱에 변화를 주면 새로운 맛을 느낄 수 있어요.

삼색나물샐러드

들어가는 재료

애호박 1/2개, 도라지·숙주 100g씩, 고사리 50g,
어린 잎채소 조금
두반장 드레싱 두반장·육수 3큰술씩, 설탕·식초 3큰술씩,
굴소스 1큰술, 다진 파 1큰술, 참기름 조금

1 **애호박·도라지 볶기** 애호박은 반달로 썰고 도라지는
   먹기 좋게 쪼갠 뒤 각각 기름 두른 팬에 볶는다.

2 **숙주 데치기** 숙주는 끓는 물에 데쳐서 물기를 짠다.

3 **고사리 양념해 볶기** 고사리는 충분히 불려 간장, 다
   진 파·마늘, 참기름, 깨소금, 설탕으로 양념해 볶는다.

4 **접시에 담기** 모든 재료를 접시에 담고 두반장 드레싱
   을 만들어 뿌린다. 찹쌀 전병을 잘라 곁들여도 좋다.

루콜라버섯샐러드

들어가는 재료

양송이·표고버섯 4개씩, 느타리버섯 1개, 루콜라 70g
오일 소스 올리브오일 1/4컵, 생 허브 조금,
소금·후춧가루 조금씩
발사믹 드레싱 발사믹 식초 1/2컵, 다진 양파 2큰술,
꿀 1큰술, 씨겨자 1/2큰술, 올리브오일 3컵,
소금·후춧가루 조금씩

1 **버섯·채소 준비하기** 양송이, 표고는 모양 살려 썰고
   느타리는 송이를 나눈다. 루콜라는 물에 씻어 건진다.

2 **버섯에 소스 발라 굽기** 생 허브를 다져서 올리브오
   일, 소금, 후춧가루와 섞어 오일 소스를 만든 다음 버
   섯에 바르고 팬에 굽는다.

3 **접시에 담아 드레싱 끼얹기** 구워낸 버섯이 조금 식으
   면 접시에 루콜라와 함께 담고 드레싱을 뿌린다.

Part 2

무침나물

냉이무침, 시금치나물 등 데쳐서 무쳐 먹는 나물은 부드럽고 담백해요. 소금간은 물론 고추장, 된장 등 양념에 따라 여러 맛을 낼 수 있는 것도 장점이에요. 깔끔하게 혹은 구수하게 무쳐 낸 숙채에는 소박한 시골밥상의 건강함이 배어있어요.

냉이무침

냉이는 된장 양념에 무쳐도 맛있고, 고추장 양념에 무쳐도 맛있어요. 구수하게 또는 새콤달콤하게 입맛대로 즐겨 보세요. 끓는 물에 담갔다가 금방 꺼내듯이 데쳐야 냉이 향이 살아있어요.

들어가는 재료

냉이 400g

된장 양념
된장 1큰술
다진 파 1큰술
다진 마늘 1작은술
참기름·깨소금 1큰술씩

고추장 양념
고추장 2큰술
설탕 1작은술
식초 1큰술
다진 파 1큰술
다진 마늘 1작은술
참기름·깨소금 1작은술씩

1 **냉이 다듬기** 냉이는 깨끗이 다듬어 끓는 물에 데친 뒤 찬물에 헹궈 물기를 짠다.

2 **양념 만들기** 된장 양념과 고추장 양념 재료를 각각 섞어 두 가지 양념을 만든다.

3 **양념에 무치기** 데친 냉이를 반씩 나눠 두 가지 양념으로 각각 무친다.

・・・ 냉이의 특별한 향을 살리는 것이 포인트예요. 양념이 너무 진하면 냉이의 향이 묻혀 버리니 양념의 양에 신경 쓰세요.

봄철 피로를 없애줘요

눈이 자주 빨개지거나 봄철에 피로를 느낄 때 냉이를 먹으면 좋아요. 냉이에 들어있는 베타카로틴이 시력을 보호하고 풍부한 비타민 B_1이 피로 해소에 도움을 주기 때문이에요. 또한 철분, 칼슘 등 냉이에 풍부한 미네랄은 끓여도 파괴되지 않아서 국, 찌개, 무침 등 다양하게 조리할 수 있어요.

콩나물

콩나물은 고소하고 씹는 맛이 좋아요. 고춧가루를 넣어 칼칼하게 무치면 입맛을 살려줍니다. 흔한 재료로 쉽게 만들 수 있어 자주 먹는 나물이에요.

들어가는 재료

콩나물 400g
소금 1/2큰술
물 1/4컵

무침 양념
국간장 1큰술
고춧가루 1/2큰술
다진 파 1큰술
다진 마늘 1작은술
참기름·깨소금 1큰술씩

1 **콩나물 다듬기** 콩나물을 지저분한 꼬리와 껍질을 떼고 물에 여러 번 흔들어 씻어 건진다.

2 **소금으로 간해 삶기** 냄비에 콩나물을 안치고 소금을 골고루 뿌린 뒤 물을 자작하게 부어 뚜껑을 덮고 삶는다.

3 **양념에 무치기** 콩나물에 무침 양념을 모두 넣고 고루 무친다.

• • • 콩나물은 햇빛을 보면 색이 변해요. 남은 것은 검은 봉지에 담아서 보관해야 신선함을 좀 더 오래 유지할 수 있어요.

숙취와 피로를 풀어줘요

콩나물은 단백질과 지방이 풍부하고 비타민 B_1과 비타민 B_2, 사포닌 등의 미네랄도 들어있어서 간기능을 높이고 피부도 좋아지게 해요. 또한 콩나물의 아스파라긴산은 숙취와 피로 해소에 으뜸이에요.

숙주나물

명절상이나 잔칫상에 빠지지 않고 올라가는 숙주나물은 담백하면서도 아삭하고 부드러운 맛이 좋아요. 상하기 쉬우니 빨리 먹는 것이 좋아요.

들어가는 재료

숙주 300g

무침 양념
국간장 2큰술
다진 파 1큰술
다진 마늘 1작은술
참기름 1큰술
깨소금 1/2큰술
소금·후춧가루 조금씩

1 **숙주 데치기** 숙주는 껍질을 골라내고 물에 흔들어 씻는다. 손질한 숙주는 냄비에 물을 자작하게 붓고 뚜껑을 덮은 채 데쳐 건진다.

2 **양념 만들기** 무침 양념 재료를 모두 섞는다.

3 **양념에 무치기** 데친 숙주에 무침 양념을 넣고 고루 버무린다.

· · · 숙주도 콩나물과 마찬가지로 데칠 때 뚜껑을 열면 비린내가 나요. 뚜껑을 덮고 익히세요.

해독작용으로 중금속 중독을 막아줘요

숙주에는 독소를 해독하는 비타민 B가 가지의 10배, 우유의 24배나 들어있어요. 이것이 몸속에 있는 카드뮴을 배출해 중금속 중독을 막아줍니다. 이뇨작용도 뛰어나 유해물질 배출을 돕고, 열을 내리고 갈증을 푸는 데도 좋습니다.

시금치나물

시금치는 기운을 나게 하는 채소로 밥상에 자주 올리면 좋아요. 간장 양념과 고추장 양념 두 가지로 변화 있게 만들어보세요.

들어가는 재료

시금치 300g

고추장 양념
고추장 1큰술
설탕 2작은술
다진 마늘 1작은술
참기름 1작은술
통깨·소금 조금씩

간장 양념
국간장 2작은술
다진 파 1/2큰술
다진 마늘 1작은술
참기름·통깨 1작은술씩
소금 조금

1 **시금치 데치기** 시금치를 다듬어 씻어 끓는 물에 소금을 넣고 뿌리 쪽부터 넣어 데친 뒤 찬물에 헹군다.

2 **물기 짜서 썰기** 데친 시금치는 물기를 짜서 4cm 길이로 썬다.

3 **양념에 무치기** 데친 시금치를 반씩 나눠 고추장 양념과 간장 양념에 각각 무친다.

· · · 국간장 대신 소금으로 양념해도 깔끔하고 맛있어요.

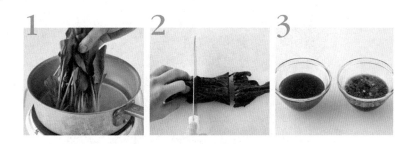

성장기 어린이와 수험생에게 좋아요

시금치는 비타민 A가 매우 많고 비타민 B군과 C, 철분, 칼슘 등도 풍부한 대표 녹황색 채소예요. 잎이 부드러워 소화가 잘 되고 식이섬유도 많지요. 빈혈을 예방하고 시력을 보호하는 효과도 있어 성장기 어린이나 수험생에게 특히 좋아요.

참취나물

이름에 '참'자가 들어가는 것들은 모두 사람에게 이롭다고 해요. 몸에 좋고 맛도 좋은 참취나물, 밥상에 자주 올리면 건강해져요.

들어가는 재료

참취 400g
소금·통깨 조금씩

무침 양념

국간장 1½큰술
다진 파 2작은술
다진 마늘 2작은술
참기름 1큰술
깨소금 1/2큰술
소금 조금

1 **참취 삶아 불리기** 참취를 씻어 가지런히 모아 억센 줄기를 잘라낸 뒤 끓는 물에 소금을 넣고 데친다.

2 **물기 짜서 썰기** 데친 참취를 찬물에 헹궈 물기를 꼭 짜서 2~3등분한다.

3 **양념에 무치기** 참취에 무침 양념을 넣어 조물조물 무친 뒤 통깨를 뿌린다.

· · · 참취는 쌈으로 먹어도 맛있고 전을 부치거나 국, 찌개에 넣어도 잘 어울려요.

간질환을 개선하고 기침을 가라앉혀요

산나물의 대명사인 참취는 당분, 단백질, 미네랄, 비타민 등이 가득한 영양 창고예요. 만성 간염 등의 간질환을 개선하고 기침, 가래를 가라앉히는 데 효과가 있지요. 원기를 회복시켜 활력을 주고, 혈액순환도 원활하게 합니다.

얼갈이된장무침

작고 연한 봄배추 얼갈이를 살짝 데쳐 된장에 조물조물 무치면 봄 반찬으로 그만이에요. 풋풋한 향과 아삭아삭하게 씹히는 맛이 입맛을 돋워요.

들어가는 재료

얼갈이 300g
소금 조금

무침 양념
된장 1큰술
고추장 1작은술
설탕 1작은술
다진 파 1작은술
다진 마늘 1작은술
참기름·깨소금 조금씩

1 **얼갈이 데치기** 얼갈이는 흐르는 물에 깨끗이 씻은 뒤 끓는 물에 소금을 넣고 살짝 데친다.

2 **물기 짜서 썰기** 데친 얼갈이는 찬물에 헹궈 물기를 짜서 먹기 좋게 썬다.

3 **양념에 무치기** 데친 얼갈이에 무침 양념을 넣고 조물조물 무친다.

감기를 예방하고 변비를 해소시켜요

얼갈이는 미네랄이 풍부한 알칼리성 식품이에요. 비타민 C가 많이 들어있어 감기 예방 효과가 있고, 풍부한 식이섬유는 변비 해소를 도와요.

우거지된장무침

구수하고 영양이 풍부한 우거지된장무침은 시골밥상의 대표 반찬이에요. 양념이 속까지 배도록 조물조물무쳐야 제 맛이 납니다.

들어가는 재료

우거지 300g

무침 양념
된장 2큰술
다진 파 1큰술
다진 마늘 1작은술
맛술·참기름 1작은술씩
깨소금·소금 조금씩

1 **우거지 데치기** 우거지는 물에 흔들어 씻은 뒤 끓는 물에 데쳐 찬물에 헹군다.

2 **물기 짜서 썰기** 데친 우거지는 물기를 짜서 5cm 정도로 썬다.

3 **양념에 무치기** 데친 우거지에 무침 양념을 넣고 조물조물 무친다.

식이섬유가 풍부하고 콜레스테롤을 낮춰요

식이섬유 덩어리인 우거지는 변비를 개선하고, 변비로 생길 수 있는 직장암이나 담석증을 예방하는 효과가 있어요. 당뇨병 환자의 혈당치를 안정시키고 콜레스테롤 수치를 낮추는 데도 큰 역할을 합니다. 비타민 C도 풍부해서 감기 예방에도 효과를 발휘해요.

두릅나물

봄철 별미인 두릅을 살짝 데쳐서 초고추장으로 무쳤어요. 쌉쌀한 맛과 향이 나는 두릅이 새콤달콤한 양념과 어우러져 입맛을 돋워요.

들어가는 재료

두릅 10개
소금 1작은술

무침 양념
고추장 1큰술
고춧가루·설탕·식초
1/2큰술씩
다진 마늘 1작은술
참기름 1작은술
통깨·소금 조금씩

1 **두릅 데치기** 두릅은 깨끗이 다듬어 흐르는 물에 씻은 뒤 끓는 물에 소금을 넣고 데쳐서 찬물에 헹군다.

2 **물기 짜서 가르기** 데친 두릅은 물기를 짜서 두 쪽 또는 네 쪽으로 가른다.

3 **양념에 무치기** 데친 두릅에 무침 양념을 섞어 넣어 골고루 무친다.

• • • 간은 소금으로 조절하세요. 싱겁다고 고추장을 자꾸 넣으면 텁텁해져서 맛이 없어요.

당뇨병을 예방해요

채소로는 드물게 단백질이 많고 비타민 C. 미네랄, 식이섬유 등이 풍부해요. 위장병 치료에 도움이 되고, 혈당치를 낮춰 당뇨병 환자에게도 좋아요. 불안하고 초조한 마음을 안정시키는 효과도 있어요.

방풍나물

쌉쌀한 방풍과 새콤한 초고추장이 어우러진 나물 반찬이에요. 바닷가에서 자라는 방풍은 해산물과도 궁합이 잘 맞아요.

들어가는 재료

방풍 300g
소금 조금

무침 양념
고추장 2큰술
고춧가루·설탕 1큰술씩
식초 2큰술
다진 마늘 1/2큰술
통깨 1큰술
소금 조금

1 **방풍 데치기**　방풍은 깨끗이 씻어 끓는 물에 소금을 넣고 1분 정도 데친다. 찬물에 헹궈 물기를 꼭 짠다.

2 **양념 만들기**　무침 양념 재료를 모두 섞는다.

3 **양념에 무치기**　방풍나물에 무침 양념을 넣고 양념이 고루 배도록 무친다.

중풍을 막고 호흡기를 보호해요

방풍은 중풍을 막고 치료하는 데 효과가 있어요. 호흡기를 보호해 황사가 있는 봄철에 먹으면 좋아요. 어지럼증을 다스리고 두통을 가라앉히며, 마음을 안정시키는 효능도 있어 방풍의 뿌리는 우황청심환의 재료로 씁니다.

잔대나물

잔대는 잎이 연하고 고소하며 향이 은은해서 나물로 무쳐먹으면 별미예요. 잎은 초록색이지만 줄기는 자줏빛을 띠며 까끌까끌해서 촉감이 특별해요.

들어가는 재료

잔대 400g
소금 조금

무침 양념
국간장 1큰술
다진 파 1큰술
다진 마늘 2작은술
참기름 1큰술
통깨 1작은술

1 **잔대 데치기** 잔대는 흐르는 물에 깨끗이 씻어 끓는 물에 소금을 넣고 2분 정도 데친다.

2 **물기 짜기** 데친 잔대는 찬물에 헹궈 물기를 짠다.

3 **양념에 무치기** 무침 양념을 만들어 데친 잔대에 넣고 조물조물 무친다.

• • • 잔대는 잎과 뿌리를 모두 먹을 수 있어요. 잔대 뿌리를 더덕처럼 양념해 무치거나 볶아 먹어도 좋아요.

기혈을 보충해 여성에게 좋아요

잔대는 기혈을 보충하고 면역력을 높이는 약초로 알려져 있어요. 특히 자궁염, 생리불순, 자궁출혈 등 여성질환에 효과가 좋아요. 잔대 뿌리는 민간 보약으로 널리 쓰였다고 합니다.

유채나물

유채나물은 유채꽃이 피기 전인 3~4월에 채취해 무쳐 먹는 봄나물이에요. 살짝 데쳐서 무치면 새콤달콤한 맛이 좋아요.

들어가는 재료

유채 300g
소금 조금

무침 양념
고추장 4작은술
고춧가루·설탕·식초
1큰술씩
다진 마늘 1작은술
참기름 1작은술

1 **유채 데치기** 유채는 깨끗이 씻어 끓는 물에 소금을 넣고 1분 정도 데친다.

2 **찬물에 우리기** 데친 유채를 한 번 헹궈 찬물에 5분 정도 담가둔다.

3 **물기 짜서 썰기** 유채를 건져 물기를 짜서 먹기 좋게 썬다.

4 **양념에 무치기** 유채에 무침 양념을 넣어 조물조물 무친다.

• • • 물기를 너무 꼭 짜내면 맛이 없어요. 물기를 어느 정도 남겨서 무쳐야 촉촉해요.

춘곤증을 예방해요

유채는 겨울에 자라나는 식물이라 동채라고도 해요. 겨울에는 농약을 칠 필요가 없기 때문에 유기농 채소라고 할 수 있지요. 비타민 A와 C가 풍부해 봄철 춘곤증을 예방하고, 혈액순환을 도와 몸이 자주 붓는 사람에게 좋아요. 염증 치료에도 효과가 있어요.

비름나물

비름나물은 간장 양념이나 된장 양념에 무쳐도 맛있지만 고추장 양념으로 무치면 더 감칠맛이 나요. 어린 순을 따서 볶음이나 튀김을 해도 맛있어요.

들어가는 재료

비름 300g
통깨·소금 조금씩

무침 양념
고추장 2큰술
다진 파 1큰술
다진 마늘 1작은술
참기름·소금 조금씩

1 **비름 데치기** 비름은 깨끗이 다듬어 흐르는 물에 씻은 뒤 끓는 물에 소금을 조금 넣고 살짝 데쳐 찬물에 헹군다.

2 **물기 짜서 썰기** 데친 비름은 물기를 짜서 칼로 한두 번 썬다.

3 **양념에 무치기** 비름에 무침 양념을 섞어 넣어 골고루 무친 뒤 통깨를 뿌린다.

더위를 이기게 해요

향이 좋은 비름은 열을 내리고 몸의 독소를 없애는 효과가 있어요. 몸이 허약해지기 쉬운 여름, 배탈을 막고 더위를 타지 않게 합니다. 비타민과 미네랄이 풍부해 피부를 깨끗하게 하고, 원기를 회복시켜주는 효과도 있어요.

삼나물

말린 삼나물을 고추장 양념으로 매콤새콤하게 무쳤어요. 삼나물은 쫄깃하고 씹을수록 고기 맛이 나 예부터 잔치나 명절 때 상에 오르던 나물이에요.

들어가는 재료

말린 삼나물 50g
소금 조금

무침 양념
고추장 2큰술
국간장 1/2큰술
설탕 1/2큰술
식초 1큰술
다진 파 1큰술
다진 마늘 1/2큰술
참기름·깨소금 1/2큰술씩

1 **삼나물 삶기** 삼나물은 말린 것으로 준비해 끓는 물에 소금을 넣고 20분 정도 삶아 찬물에 헹군다.

2 **불려서 찢기** 삶은 삼나물은 미지근한 물에 담가 하루 정도 불린 뒤 가늘게 찢는다.

3 **양념에 무치기** 무침 양념을 만들어 삼나물에 넣고 고루 무친다.

인삼 성분인 사포닌이 풍부해요

삼나물은 인삼에 들어있는 성분인 사포닌과 단백질이 풍부해요. 칼슘, 인, 철분, 비타민 A, 베타카로틴 등도 많아 건강에 좋은 나물로 꼽혀요. 편도선염이 있을 때 삼나물을 달여 마시면 효과를 볼 수 있어요.

근대된장무침

국으로 많이 먹는 근대를 된장 양념으로 구수하게 무쳤어요. 근대는 줄기의 껍질을 벗기고 조리해야 부드러워요.

들어가는 재료

근대 300g
소금 조금

무침 양념
된장 2큰술
다진 파 1큰술
다진 마늘 1작은술
참기름·깨소금 1작은술씩
소금 조금

1 **근대 다듬기** 근대는 칼로 줄기의 껍질을 벗겨내고 물에 살살 흔들어 씻는다.

2 **데쳐서 썰기** 끓는 물에 소금을 조금 넣고 근대를 줄기부터 넣어 데친 뒤 찬물에 헹군다. 데친 근대는 물기를 꼭 짜서 먹기 좋게 썬다.

3 **양념에 무치기** 무침 양념에 근대를 넣고 무친 뒤 참기름과 깨소금을 넣어 맛을 낸다.

· · · 근대는 섬유질이 억세서 큰 잎을 그대로 조리하면 질겨서 먹기가 안 좋아요. 줄기 끝에 칼을 대서 쭉 당기면 질긴 섬유질을 벗겨낼 수 있어요.

어린이의 성장발육을 도와요

근대는 여름 채소 중에서도 영양가가 많은 채소로 꼽혀요. 필수 아미노산, 칼슘, 철분 등이 풍부해 성장기 어린이의 발육을 촉진합니다. 비타민 A가 많아 야맹증 치료에 도움이 되고, 위장을 튼튼하게 하는 효과도 있어요.

미나리나물

독특한 향으로 입맛을 자극하는 미나리를 데쳐서 매콤새콤하게 무친 나물이에요. 국이나 찌개에 넣는 것보다 미나리의 향을 더 진하게 느낄 수 있어요.

들어가는 재료

미나리 350g
소금 조금

무침 양념
고추장 2큰술
고춧가루 1½큰술
설탕 2작은술
식초 2큰술
다진 마늘 1/2큰술
참기름·통깨 1/2큰술씩
소금 조금

1 **미나리 데치기** 미나리는 깨끗이 다듬어 흐르는 물에 흔들어 씻은 뒤 끓는 물에 소금을 넣고 살짝 데친다. 데친 미나리는 찬물에 헹궈 물기를 꼭 짠다.

2 **양념 만들기** 무침 양념 재료를 고루 섞는다.

3 **양념에 무치기** 데친 미나리에 무침 양념을 넣고 고루 무친다.

· · · 미나리는 깔끔하게 조리하기 위해 잎을 잘라내고 줄기만 사용하는 경우가 많아요. 하지만 싱싱한 미나리는 잎째 그대로 조리하는 게 영양소를 충분히 섭취할 수 있는 비결이에요.

독소를 없애고 피를 깨끗하게 해요

미나리는 독소를 없애고 피를 깨끗하게 하는 식품으로 알려져 있어요. 복어의 독을 중화시키기 때문에 복어 요리에 많이 넣습니다. 간의 해독을 도와 숙취 해소에 효과가 높고 식이섬유가 풍부해 변비에도 좋아요.

쑥갓나물

향긋한 냄새만 맡아도 입맛이 도는 쑥갓나물. 살짝 데쳐서 두 가지 양념으로 맛을 냈어요. 쑥갓을 데칠 때는 줄기부터 먼저 넣어야 골고루 잘 익어요.

들어가는 재료

쑥갓 400g

간장 양념
국간장 2작은술
다진 마늘 1작은술
참기름 1큰술
통깨 2작은술
소금 조금

콩가루 양념
콩가루 2큰술
국간장 2작은술
참기름·깨소금·소금 조금씩

1 **쑥갓 데치기**　쑥갓은 억센 줄기를 잘라내고 연한 부분만 다듬어 씻은 뒤 끓는 물에 살짝 데친다.

2 **물기 짜서 썰기**　데친 쑥갓은 찬물에 헹궈 물기를 짜서 먹기 좋게 썬다.

3 **양념에 무치기**　데친 쑥갓을 반씩 나눠 간장 양념과 콩가루 양념에 각각 무친다. 모자라는 간은 소금으로 맞춘다.

· · · 데친 쑥갓은 찬물에 재빨리 헹궈 물기를 꼭 짜야 나중에 물이 생기지 않아요. 간장 대신 소금으로 무쳐도 좋고, 고추장이나 된장으로 양념해도 맛있어요.

신경안정을 돕고 불면증을 치료해요

쑥갓은 채소 중에서 특히 칼슘이 많은 것으로 유명해요. 칼슘은 불면증이 있을 때 수면을 유도하는 천연 신경안정제의 역할도 하죠. 풍부한 비타민과 엽록소는 눈의 피로를 풀고, 쑥갓의 향기는 자율신경을 자극해 변비 해소, 혈액순환에 도움을 줘요.

원추리나물

원추리는 대표적인 봄나물이에요. 달착지근한 맛이 있어 새콤달콤하게 무쳐도 좋고, 국을 끓여도 맛있어요. 근심 걱정을 없애준다고 해서 망우초라도 부릅니다.

들어가는 재료

원추리 300g
붉은 고추 1개
소금 조금

무침 양념

고추장·설탕 1큰술씩
국간장·식초 1/2큰술씩
고춧가루 1작은술
다진 마늘 1작은술
참기름·통깨 조금씩

1 **원추리 데치기** 원추리는 깨끗이 다듬어 씻어 끓는 물에 소금을 넣고 1분 정도 데친다.

2 **찬물에 우리기** 데친 원추리는 물에 한 번 헹궈 찬물에 20분 정도 담가 둔다.

3 **물기 짜서 썰기** 원추리를 건져 물기를 짠 뒤 먹기 좋게 썬다.

4 **양념에 무치기** 원추리에 붉은 고추를 송송 썰어 넣고 무침 양념을 넣어 조물조물 무친다.

우울증 치료를 도와요

원추리는 비타민이 풍부해 나른한 봄날에 몰려오는 춘곤증을 예방해요. 소변이 잘 안 나올 때 먹으면 이뇨작용을 하고, 심신을 안정시켜 정서불안과 우울증 치료에도 효과가 있어요. 칼로리가 낮아서 다이어트에도 좋아요.

씀바귀나물

독특한 쓴맛의 씀바귀를 초고추장에 조물조물 무친 봄나물이에요. 씀바귀 특유의 쌉쌀한 맛이 잃었던 입맛을 되살려줘요. 데칠 때 식초와 설탕을 넣으면 쓴맛이 줄어들어요.

들어가는 재료

씀바귀 300g
참기름 2작은술
통깨 1작은술
소금 조금

무침 양념

고추장 2큰술
설탕 1/2작은술
식초 1큰술
다진 파 1큰술
다진 마늘 2작은술

1 **씀바귀 데치기** 씀바귀는 뿌리 끝 시든 부분을 다듬어 물에 흔들어 씻은 뒤 끓는 물에 소금을 넣고 살짝 데친다.

2 **물기 짜서 썰기** 데친 씀바귀는 물기를 꼭 짜서 5~6cm 길이로 썬다.

3 **양념 만들기** 무침 양념 재료를 고루 섞는다.

4 **양념장에 무치기** 씀바귀에 무침 양념을 넣고 조물조물 무친 뒤 참기름과 통깨로 맛을 낸다.

• • • 씀바귀의 항산화 성분들은 열에 강해 데쳐도 쉽게 파괴되지 않아요. 하지만 비타민은 많이 파괴됩니다. 끓는 물에 소금을 넣고 재빨리 데쳐서 찬물에 담가두면 비타민 파괴를 줄일 수 있어요.

항산화 효과가 뛰어나요

씀바귀는 비타민, 칼슘, 철분 등이 많고 식이섬유도 풍부해요. 쓴맛을 내는 성분에는 항산화 효과가 있는 플라보노이드 등 질병 치료를 돕는 성분이 많아요. 쓴맛 나는 성분은 봄철에 찾아오는 춘곤증을 물리치는 데도 도움이 됩니다.

가지나물

한 김 오르게 찐 가지를 먹기 좋게 찢어 양념에 무친
가지나물은 여름철 밥상에 자주 오르는 반찬이에요.
수분이 많아서 많이 먹으면 피부에 좋아요.

들어가는 재료

가지 2개
소금 조금

무침 양념
붉은 고추 1개
간장 1큰술
다진 파 1큰술
다진 마늘 1작은술
참기름 1큰술
깨소금 1작은술
소금 조금

1 **가지 쪄서 찢기** 가지를 깨끗이 씻어 꼭지를 떼고 길게 반 갈라 김 오른 찜
통에 찐다. 한 김 나가면 굵직굵직하게 찢는다.

2 **양념 만들기** 붉은 고추를 송송 썰어 나머지 재료와 고루 섞는다.

3 **양념에 무치기** 무침 양념에 찐 가지를 넣고 무친다. 모자라는 간은 소금
으로 맞춘다.

• • • 가지를 햇볕에 말려두었다가 볶거나 무쳐 먹으면 좋아요. 제철인 늦여름에 넉넉히 사
서 어슷하게 썰거나 6~8등분으로 길게 쪼개서 채반에 펼쳐 햇볕에 말리면 돼요.

변비와 장질환을 예방해요

가지는 성질이 차가워서 열이 많은 사람에게 좋아요. 식이섬
유가 풍부해 변비 해소에 좋을 뿐 아니라, 장 속의 노폐물을
배출해 장질환을 예방하는 효과도 뛰어나요. 가지에 많은 폴
리페놀 성분은 발암물질을 줄이는 것으로도 유명해요.

쪽파무침

양념으로 많이 쓰는 쪽파를 데쳐서 무치면 별미 반찬
이 돼요. 보통 고추장 양념을 쓰지만 된장 양념으로
무치면 구수한 맛이 좋답니다.

들어가는 재료

쪽파 300g
당근 1/4개
김 2장
된장 2큰술
참기름 1/2큰술
통깨 1작은술

1 **쪽파 데치기** 쪽파는 뿌리를 자르고 다듬어 깨끗이 씻는다. 손질한 쪽파
는 끓는 물에 살짝 데쳐 찬물에 헹군 뒤 물기를 대충 짠다.

2 **쪽파·당근·김 준비하기** 쪽파는 3~4cm 길이로 썰고, 당근도 같은 길이
로 채 썬다. 김은 달군 팬에 구워 가위로 가늘게 자른다.

3 **된장에 쪽파·당근 버무리기** 쪽파와 당근에 된장을 넣고 고루 버무린다.

4 **김·참기름·통깨로 맛내기** 김과 참기름, 통깨를 넣고 한 번 더 버무린다.

• • • 쪽파나물에 김을 조금 넣으면 맛이 훨씬 좋아져요. 이때 김을 반드시 구워서 넣어야
비린 맛이 덜해요.

면역력을 높여줘요

비타민과 칼슘, 칼륨, 철분이 풍부한 쪽파는 성질이 따뜻하고
비장과 신장을 좋게 하며 기운을 북돋워 피로를 이기게 하는
채소로 알려져 있어요. 또한 콜레스테롤 수치를 낮춰 성인병
을 예방하고, 면역기능을 강화해 암을 막고 노화를 늦춥니다.

느타리버섯무침

쫄깃한 느타리버섯을 국간장으로 간하고 들기름으로
무치면 영양 가득한 반찬이 돼요. 느타리버섯을 살짝
데쳐서 초고추장에 찍어 먹어도 맛있어요.

들어가는 재료

느타리버섯 300g
통깨 조금

무침 양념
국간장 1½큰술
다진 마늘 1/2큰술
들기름 1큰술

1 **버섯 준비하기** 버섯은 물에 살살 씻은 뒤 밑동을 자르고 끓는 물에 잠깐
  데친다.

2 **물기 짜서 찢기** 데친 버섯은 물기를 꼭 짜서 가늘게 찢는다.

3 **양념에 무치기** 느타리버섯에 무침 양념을 넣어 조물조물 무친 뒤 통깨를
  뿌린다.

· · · 느타리버섯은 데쳐서 찢어야 부서지지 않아요. 양념에 물엿을 조금 넣어 달착지근한
      맛을 내도 좋아요.

비타민 D가 풍부해 성인병을 예방해요

느타리버섯은 유방암, 폐암, 간암 등에 좋아 천연 항암제로 알
려져 있어요. 느타리버섯에 풍부한 비타민 D는 콜레스테롤 수
치를 낮춰 고혈압, 동맥경화 같은 성인병을 예방하고, 어린이
성장발육을 돕기도 합니다.

죽순겨자무침

죽순은 아작아작 씹는 맛이 좋아요. 매콤새콤한 겨자
채에 버무리면 밥반찬은 물론 샐러드로도 손색없어
요. 통조림 죽순은 구하기 쉽고 손질하기도 편해요.

들어가는 재료

죽순(통조림) 1개
당근 1/4개
오이 1/4개
통깨·소금 조금씩

겨자 양념

연겨자 1큰술
설탕 1큰술
식초 2큰술
소금 1작은술

1 **죽순 데치기** 죽순은 끓는 물에 데친 뒤 사이사이에 있는 흰색 앙금을 말
끔히 씻어낸다.

2 **모양 살려 썰기** 삶은 죽순은 빗살무늬를 살려 얄팍하게 썬다.

3 **당근·오이 준비하기** 당근과 오이는 반달 모양으로 썬 뒤 소금에 살짝 절
여 물기를 짠다.

4 **양념에 버무리기** 죽순, 당근, 오이를 겨자 양념에 무친 뒤 통깨를 뿌린다.

··· 제철에는 생 죽순을 쓰면 좋아요. 생 죽순도 통조림 죽순과 마찬가지로 끓는 물에 데
쳐 앙금을 씻어내고 조리하세요.

성인병의 예방과 치료를 도와요

죽순은 식이섬유가 풍부해 변비는 물론 대장암 예방에도 좋아
요. 이뇨작용 등으로 몸속의 노폐물을 배출하는 효과도 크지
요. 콜레스테롤의 흡수를 억제해 당뇨병, 심장질환 등의 성인
병을 예방, 치료하는 데도 도움이 됩니다.

곤드레나물

향이 담백하고 부드러운 강원도 나물이에요. 곤드레는 잎사귀가 바람에 흔들리는 모습이 마치 술에 곤드레만드레 취한 사람 같다고 해서 붙여진 이름이에요.

들어가는 재료

곤드레 300g
들기름 2큰술

무침 양념

된장 1½큰술
고춧가루 1/2큰술
다진 파·다진 마늘 1큰술씩
깨소금 조금

1 **곤드레 삶기** 곤드레를 다듬어 끓는 물에 살짝 데친 뒤 물기를 꼭 짜서 먹기 좋게 썬다.

2 **들기름에 버무리기** 데친 곤드레에 들기름을 넣어 버무린다.

3 **양념에 무치기** 들기름에 버무린 곤드레에 무침 양념을 넣어 조물조물 무친다.

· · · 곤드레는 말려서 파는 것을 사면 편해요. 말린 곤드레는 물에 하루 정도 불려서 이용하면 됩니다.

골다공증을 막고 변비를 개선해요

곤드레는 소화가 잘 되고 칼슘이 풍부해서 골다공증 예방에 좋아요. 비타민, 아미노산, 필수 지방산 등이 풍부해 성인병을 막는 데도 도움이 되죠. 식이섬유가 풍부해 심한 변비를 앓고 있는 사람에게 뛰어난 효과를 내는 것으로도 유명합니다.

풋마늘대무침

마늘이 굵어지기 전에 수확한 어린 잎줄기가 풋마늘대입니다. 매운맛은 덜하고 영양은 그대로라서 아이들 건강 반찬으로 준비하면 참 좋아요.

들어가는 재료

풋마늘대 300g
양파 1/3개
소금 조금

무침 양념

고추장 2큰술
설탕 2작은술
다진 양파 1작은술
참기름 1큰술
깨소금 1/2큰술
통깨 조금

1 **풋마늘대 다듬기** 풋마늘대는 깨끗이 다듬어 흐르는 물에 씻은 뒤 4cm 길이로 썬다.

2 **풋마늘대 데치기** 끓는 물에 소금을 조금 넣고 다듬은 풋마늘대를 넣어 데친다.

3 **양파 썰기** 양파를 가늘게 채 썰어 물에 잠시 담가 매운맛을 뺀다.

4 **양념에 무치기** 무침 양념에 데친 풋마늘대와 양파에 넣고 고루 버무린다.

· · · 풋마늘대를 무칠 때는 다진 마늘은 넣지 않아요. 대신 양파를 다져 넣으면 맛이 살아납니다.

해독을 돕고 스트레스를 풀어줘요

풋마늘대는 해독작용이 뛰어나 몸속의 독소를 없애고 피로 해소와 피부미용에 효과적이에요. 또한 신경을 안정시키고 몸의 기운을 돋우므로 스트레스를 많이 받는 사람들이 많이 먹으면 좋아요.

깻잎찜

향긋한 깻잎을 양념장에 재서 찌면 밑반찬으로 그만이에요. 만들어서 오래 두기보다 조금씩 만들어 바로 먹는 게 더 맛있어요.

들어가는 재료

깻잎 50장

양념장
간장 2큰술
고춧가루 2큰술
설탕 1작은술
송송 썬 파 1/2큰술
다진 마늘 1큰술
참기름 1/2큰술
깨소금 1작은술
후춧가루 조금

1 **깻잎 씻기** 깻잎은 한 장씩 흐르는 물에 깨끗이 씻어 물기를 뺀다.

2 **양념장 만들기** 양념장 재료를 고루 섞는다.

3 **양념장에 재기** 그릇에 깻잎을 2장씩 담고 양념장을 얹으면서 켜켜로 잰다. 남은 양념장은 깻잎 위에 붓는다.

4 **찜통에 찌기** 찜통에 물을 조금 담고 ③의 그릇을 올려 약한 불에서 5분 정도 찐다.

신진대사를 좋게 하고 신경통을 예방해요

깻잎은 비타민 A와 C, 비타민 E가 많고 철분, 칼륨 등의 미네랄도 풍부해요. 특히 칼슘은 시금치의 5배나 들어있어요. 깻잎은 또한 해독작용을 하고, 신진대사를 좋게 하며, 말초신경을 튼튼하게 해 신경통 예방에 도움을 줘요.

해조류 무침

미역오이초무침

들어가는 재료

마른미역 60g, 오이 1개, 당근 1/4개, 소금 조금
무침 양념 설탕·식초 2큰술씩, 참기름 2작은술

1 **미역 데치기** 마른미역을 물에 불려 끓는 물에 파르스
  름하게 데친 뒤 찬물에 헹군다. 물기를 짜서 4cm 길이
  로 썬다.

2 **오이·당근 썰기** 오이는 반 갈라 어슷하게 썰고, 당근
  도 오이와 비슷한 크기로 썬다. 각각 소금에 절여 물기
  를 꼭 짠다.

3 **무치기** 미역, 오이, 당근을 한데 담고 무침 양념을 넣
  어 고루 버무린다.

미역들깨무침

들어가는 재료

물미역 100g, 오이 1개, 소금 조금, 참기름 1/3작은술
무침 양념 들깨가루 1큰술, 고춧가루 1/2큰술, 식초 2큰술,
설탕 1큰술, 다진 파 1큰술, 소금 조금

1 **미역 데치기** 물미역은 바락바락 주물러 씻어 끓는 물
  에 소금을 넣고 데쳐 찬물에 헹군다. 물기를 꼭 짜서
  4cm 길이로 썬다.

2 **오이 썰기** 오이는 굵은 소금으로 문질러 씻은 뒤 반
  갈라 어슷하게 썬다.

3 **무치기** 미역과 오이에 무침 양념을 넣어 조물조물 무
  친 뒤 참기름을 넣어 버무린다.

바다의 나물, 해조류는 짭조름한 맛과 향긋한 바다 향이 입맛을 돋워요.
새콤하게 혹은 깔끔하게 무쳐 상에 내면 밥상이 더 건강해져요.

톳나물

들어가는 재료

톳 300g, 무 1/4개, 소금 1/2큰술
무침 양념 멸치액젓 2큰술, 고춧가루 1큰술, 다진 파 1/2큰술,
다진 마늘 1작은술, 참기름·깨소금 조금씩

1 **톳 데치기** 톳은 깨끗이 주물러 씻은 뒤 끓는 물에 살
  짝 데쳐 찬물에 두세 번 헹군다. 체에 밭쳐 물기를 뺀
  뒤 3cm 길이로 썬다.

2 **무 절이기** 무는 껍질을 벗기고 가늘게 채 썰어 소금
  에 30분 정도 절인다. 물기가 배어나오면 헹궈서 물기
  를 꼭 짠다.

3 **양념에 무치기** 톳과 무에 무침 양념을 넣고 조물조물
  무친다.

톳두부무침

들어가는 재료

톳 200g, 두부 1모
무침 양념 간장·참기름·깨소금 1큰술씩, 소금 조금

1 **두부 으깨기** 두부는 칼등으로 눌러 곱게 으깬 뒤 면
  보자기에 싸서 물기를 꼭 짠다.

2 **톳 데치기** 톳은 깨끗이 주물러 씻은 뒤 끓는 물에 살
  짝 데쳐 찬물에 두세 번 헹군다. 체에 밭쳐 물기를 뺀
  뒤 3cm 길이로 썬다.

3 **두부 양념하기** 으깬 두부에 간장, 참기름, 깨소금을
  넣고 조물조물 무친 뒤 소금으로 간한다.

4 **톳 넣어 버무리기** 양념한 두부에 데친 톳을 넣고 고
  루 버무린다.

해조류 무침
Plus Recipe

물파래무침

들어가는 재료

물파래 200g, 무 80g, 붉은 고추 1/2개, 소금 조금
무침 양념 설탕 1/2큰술, 식초 2큰술, 다진 파 1큰술,
다진 마늘 1작은술, 깨소금·소금 1작은술씩

1 **파래 데치기** 파래는 끓는 물에 살짝 데쳐 찬물에 헹
군 뒤 물기를 꼭 짜서 먹기 좋게 썬다.

2 **무·고추 썰기** 무를 곱게 채 썰어 소금에 살짝 절인 뒤
헹궈서 물기를 짠다. 붉은 고추는 씨를 빼고 채 썬다.

3 **무치기** 무침 양념을 데친 파래에 넣고 고루 무친다.
그릇에 담고 고추채를 올린다.

파래김무침

들어가는 재료

파래김 5장, 당근 1/4개
무침 양념 간장 1큰술, 설탕 1작은술, 고춧가루 1큰술,
다진 파·다진 마늘 1큰술씩, 참기름·깨소금 1큰술씩,
후춧가루 조금, 물 2큰술

1 **당근 썰기** 당근은 가늘게 채 썬다.

2 **김 부수기** 김을 바삭하게 구워 비닐봉지에 넣고 잘게
부순다.

3 **무치기** 무침 양념에 부순 김을 뿌려 넣고 조물조물
무친다.

모둠해초무침

들어가는 재료

모둠 해초 200g, 통깨 적당량, 소금 조금
무침 양념 설탕·식초 2큰술씩, 참기름 1작은술

1 **해초 씻기** 모둠 해초를 소금물에 흔들어 씻는다.

2 **해초 데치기** 손질한 해초는 끓는 물에 넣었다 빼기를
   5번 정도 반복해서 데친다. 데친 해초는 찬물에 헹궈
   물기를 살짝 짠다.

3 **무치기** 무침 양념을 해초에 넣고 고루 무친다. 마지막
   에 통깨를 뿌린다.

다시마미역샐러드

들어가는 재료

염장 다시마 100g, 물미역 100g, 청포묵 1/4모,
양파 1/4개, 비트 30g, 비타민 1/2줌
소스 간장 3큰술, 스위트 칠리소스·레몬즙 2큰술씩,
참기름·올리브오일 1큰술씩, 다진 마늘·통깨 조금씩

1 **다시마·미역 준비하기** 염장 다시마는 물에 담가 소금
   기를 빼고 채 썬다. 물미역도 먹기 좋은 크기로 썬다.

2 **묵·채소 썰기** 묵은 굵게 채 썰고, 양파와 비트는 가
   늘게 채 썬다. 비타민은 먹기 좋은 크기로 자른다.

3 **소스에 버무리기** 해초와 채소, 묵을 한데 담고 소스
   를 부어 맛이 배도록 버무린 뒤 접시에 담는다.

Part 3

볶음나물

볶음나물은 재료와 볶는 방법에 따라 다른 맛이 나요. 고구마줄
기처럼 아삭아삭 씹는 맛을 살리기도 하고, 말린 나물처럼 푹
뜸을 들여 깊은 맛을 내기도 해요. 참기름이나 들기름에 구수하
게 볶으면 맛은 물론 영양까지 좋아져요.

도라지나물

도라지를 국간장으로 양념해 볶으면 쌉쌀하면서 고소한 맛이 좋아요. 부드러우면서도 아작아작한 맛을 살려 볶는 게 포인트예요.

들어가는 재료

도라지 200g
식용유 적당량
국간장 1큰술
다진 파 1큰술
다진 마늘 1/2큰술
다진 생강 1/2작은술
참기름 1큰술
깨소금 1/2큰술
소금 조금
물 1/3컵

1 **도라지 손질하기** 도라지는 길이로 가늘게 썰어 소금을 넣고 바락바락 주물러 여러 번 헹군다.

2 **도라지 데치기** 손질한 도라지는 끓는 물에 데쳐 찬물에 헹군다.

3 **양념해 볶기** 식용유를 두른 팬에 도라지를 넣고 국간장, 다진 파, 다진 마늘, 다진 생강으로 양념해 볶다가 물을 붓고 뚜껑을 덮어 약한 불로 익힌다.

4 **참기름·깨소금으로 맛내기** 국물이 자작해지면 참기름과 깨소금을 넣어 맛을 내고 소금으로 간을 맞춘다.

• • • 국간장으로만 간을 하면 도라지가 검어져서 보기에 좋지 않아요. 국간장으로는 색만 내고 나머지 간은 소금으로 맞추세요.

기침과 가래를 없애줘요

도라지는 기침과 가래를 없애는 효능이 있어서 천식 같은 기관지질환에 좋아요. 도라지에 풍부한 사포닌 성분은 염증을 완화시키는 작용을 해요. 평소 몸이 차거나 설사를 자주 하는 사람이 도라지를 꾸준히 먹으면 설사가 멎고 몸이 따뜻해집니다.

고사리나물

명절에 빠지지 않고 상에 오르는 고사리나물은 부드럽고 구수한 맛이 좋아요. 볶을 때 마지막에 불을 끄고 뚜껑을 덮어 뜸을 들여야 부드러워져요.

들어가는 재료

고사리 300g
참기름 1큰술
깨소금 1/2큰술
식용유 적당량
물 1/4컵

양념

국간장 2큰술
다진 파 2큰술
다진 마늘 1½큰술
후춧가루 조금

1 **고사리 삶기** 말린 고사리는 물에 충분히 불려서 끓는 물에 15분 정도 부드러워지게 삶는다.

2 **다듬어 썰기** 삶은 고사리는 단단한 줄기를 잘라내고 연한 부분만 준비한다. 깨끗이 씻어 물기를 꼭 짜서 5cm 길이로 썬다.

3 **양념해서 두기** 고사리에 양념을 넣고 무쳐 간이 배도록 잠시 둔다.

4 **팬에 볶기** 팬에 식용유를 두르고 양념한 고사리를 넣어 볶다가 물을 넣고 뚜껑을 덮어 약한 불로 익힌다. 물이 자작하게 남으면 참기름, 깨소금을 넣어 다시 한 번 볶는다.

· · · 고사리와 같은 묵은 나물은 마늘을 넉넉히 넣고 볶아야 맛있어요. 말린 고사리는 물에 충분히 불려야 부드러운 맛을 살릴 수 있어요.

변비를 없애고 부기를 빼줘요

고사리는 식이섬유가 많아 포만감을 주기 때문에 다이어트에 좋아요. 식이섬유는 변비를 예방하고 부기를 없애는 데도 효과가 좋습니다. 익히지 않은 고사리는 발암물질과 비타민 B_1을 분해하는 효소가 들어있으니 날로는 먹지 마세요.

곰취나물

특유의 향과 맛을 지닌 곰취를 양념해 볶아 구수한 맛이 좋은 나물이에요. 취나물 중에서도 잎이 넓고 둥근 곰취는 영양이 풍부해 나른해지기 쉬운 봄에 활력을 불어넣어줘요.

들어가는 재료

곰취 200g
소금·통깨 조금씩
들기름 적당량

양념
국간장 2큰술
다진 파 1큰술
다진 마늘 1/2큰술
참기름 1큰술
깨소금 조금

1 **곰취 다듬기** 곰취는 질긴 줄기를 잘라내고 깨끗이 다듬어 씻는다.

2 **데쳐서 물기 짜기** 팔팔 끓는 물에 소금을 넣고 곰취를 데쳐서 찬물에 여러 번 헹군다. 데친 곰취는 물기를 꼭 짜서 먹기 좋게 썬다.

3 **양념하기** 곰취에 양념 재료를 넣어 골고루 무친다.

4 **팬에 볶기** 팬에 들기름을 두르고 양념한 곰취를 넣어 볶는다. 다 볶아지면 통깨를 뿌린다.

· · · 곰취를 말릴 때는 데쳐서 채반에 펼쳐 햇볕이 좋고 통풍이 잘 되는 곳에서 말리세요. 서늘한 곳에 두고 조금씩 꺼내 먹으면 겨우내 취나물의 영양을 섭취할 수 있어요.

발암물질을 줄이고 활력을 줘요

곰취는 체액이 산성화되는 것을 막는 알칼리성 식품으로 단백질, 칼슘, 인, 철분 등의 영양이 가득해요. 베타카로틴과 비타민 C가 풍부해 고기를 구울 때 생기는 발암물질을 줄이는 효과도 있지요. 춘곤증에 시달리는 봄에 활기를 되찾아주는 나물이기도 해요.

깻잎볶음

연한 들깻잎을 데쳐서 갖은 양념을 해 들기름으로 볶은 깻잎나물. 향긋하고 고소한 맛이 입맛을 살려요.

들어가는 재료

깻잎 400g
소금 조금
식용유 적당량
물 1/4컵

양념

국간장 2큰술
다진 파 1큰술
다진 마늘 1작은술
들기름 2큰술
깨소금 1큰술

1 **깻잎 데치기** 깻잎은 끓는 물에 소금을 넣고 살짝 데쳐서 찬물에 헹구어 물기를 꼭 짠다.

2 **양념하기** 데친 깻잎에 양념을 넣고 조물조물 무친다.

3 **팬에 볶기** 달군 팬에 식용유를 두르고 양념한 깻잎을 넣어 천천히 볶다가 물을 조금씩 뿌려가며 부드럽게 볶는다.

· · · 깻잎을 볶을 때 들기름을 넣으면 훨씬 고소해요. 물을 조금씩 뿌려가며 볶으면 다른 양념이 잘 배어들고 촉촉해서 더 맛있어요.

철분이 풍부해서 빈혈을 예방해요

깻잎은 철분이 풍부해서 빈혈에 좋아요. 깻잎을 30g 정도만 먹으면 하루에 필요한 철분이 다 공급된다고 해요. 또한 깻잎의 독특한 향 성분은 방부제 역할을 해서 생선회와 같은 날음식을 먹을 때 함께 먹으면 식중독을 예방할 수 있어요.

고춧잎볶음

보통 무말랭이무침에 부재료로 넣는 고춧잎을 간장과 참기름, 다진 마늘로 양념해서 볶았어요. 고춧잎 특유의 향과 고소한 양념 맛이 입맛을 돋운답니다.

들어가는 재료

삶은 고춧잎 200g
식용유 3큰술
간장 3큰술
다진 마늘 1큰술
참기름 1큰술
설탕 1/2큰술
청주 1큰술
통깨 2작은술

1 **고춧잎 데치기** 고춧잎을 물에 깨끗이 씻은 뒤 끓는 물에 살짝 데친다.

2 **찬물에 헹궈 물기 짜기** 데쳐낸 고춧잎은 찬물에 헹궈 물기를 살짝 짠다.

3 **양념하기** 큰 그릇에 고춧잎을 담고 식용유와 간장, 다진 마늘, 참기름, 설탕, 청주를 넣어 고루 버무린다. 잠시 간이 배어들도록 둔다.

4 **팬에 볶기** 달군 팬이나 냄비에 양념한 고춧잎을 볶는다. 물기가 없어질 때까지 볶은 뒤 불에서 내리기 직전에 통깨를 뿌린다.

비타민 A가 풋고추의 70배나 돼요

고춧잎은 고추 못지않은 영양을 간직하고 있어요. 특히 비타민 A와 C가 풍부한데, 비타민 A는 풋고추의 70배나 된다고 해요. 고춧잎에는 혈당 상승을 억제하는 탄수화물 소화 억제효소도 있어 혈당을 떨어뜨리는 효과가 있다고 합니다. 몸에 좋은 고춧잎을 제철에 거두어 말려두었다가 두고두고 이용하면 좋아요.

시래기된장볶음

된장 양념에 볶아 속까지 구수하게 맛이 밴 시래기는 씹을수록 깊은 맛이 나요. 시래기는 비타민과 칼슘, 철분 등이 풍부해 여성에게 좋아요.

들어가는 재료

시래기 50g
멸치가루·소금·
후춧가루 조금씩
식용유 적당량

양념

된장 1큰술
국간장 1큰술
다진 양파 2큰술
다진 파·다진 마늘 1큰술씩
참기름·깨소금·
후춧가루 조금씩

1 **시래기 데치기** 시래기를 하루 정도 물에 불려 부드럽게 삶은 뒤 여러 번 헹군다. 물기를 꼭 짜서 4cm 길이로 썬다.

2 **양념하기** 양념 재료를 섞어 삶은 시래기에 넣고 간이 배게 조물조물 무친다.

3 **팬에 볶기** 팬에 식용유를 두르고 양념한 시래기를 볶다가 소금으로 간하고 후춧가루와 멸치가루를 넣어 조금 더 볶는다.

· · · 시래기처럼 묵은내가 나는 나물은 삶아서 다시 한 번 물에 담가 냄새를 우려내세요. 마지막에 멸치가루를 넣으면 구수한 맛이 더 좋아요.

빈혈과 골다공증을 예방해 여성에게 좋아요

철분, 칼슘 등의 미네랄이 풍부해 빈혈과 골다공증 예방에 뛰어난 효과가 있어요. 여성에게 특히 좋은 식품이지요. 비타민 A와 C가 많고 식이섬유가 많아 변비를 해소하고 장 속 노폐물을 배출하는 데 도움이 돼요.

토란대볶음

토란대를 들깨가루 양념으로 볶아 고소한 맛을 냈어요. 식이섬유가 풍부한 토란대는 씹는 맛이 좋답니다. 말린 토란대는 아린 맛이 있으니 물에 충분히 불린 뒤 푹 삶아서 볶아야 해요.

들어가는 재료

말린 토란대 50g
들기름 2/3큰술
물 1컵

양념

국간장 2큰술
들깨가루 1큰술
다진 파·다진 마늘
1/2큰술씩

1 **토란대 삶기** 말린 토란대를 하루 정도 물에 불린 뒤 끓는 물에 10~30분 삶아 여러 번 헹군다. 물기를 꼭 짜서 5cm 길이 정도로 썬다.

2 **양념하기** 양념 재료를 모두 섞어 불린 토란대에 넣고 조물조물 무친다.

3 **팬에 볶기** 팬에 들기름을 두르고 양념한 토란대를 볶다가 물을 부어 자작하게 조린다.

· · · 토란대를 빨리 불리려면 미지근한 물에 설탕을 넣고 불리세요.

강장 효과가 뛰어나요

토란대는 칼륨과 칼슘, 비타민 B군, 단백질이 풍부해 강장 효과가 뛰어나요. 염증을 가라앉히는 소염작용이 있어 어깨 결림이나 신경통이 있을 때 토란대와 생강을 갈아 밀가루와 섞어서 붙여두면 통증 완화 효과를 볼 수 있어요.

부지깽이나물

울릉도 특산물인 부지깽이나물을 국간장과 들기름으로 볶은 나물이에요. 부지깽이나물은 향이 진하고 부드러운 게 특징입니다.

들어가는 재료

부지깽이나물 300g
들기름 2큰술
통깨·소금 조금씩
물 1/4컵

양념

국간장 2큰술
다진 마늘 1큰술

1 **부지깽이나물 삶아 우리기** 부지깽이나물은 끓는 물에 소금을 넣고 15분 정도 삶아 물을 버린다. 다시 물을 붓고 20분 정도 삶아 물을 버리고 새 물을 부어 1시간 정도 우린다.

2 **양념하기** 삶은 부지깽이나물은 물기를 짜서 먹기 좋게 썰어 국간장, 다진 마늘로 양념한다.

3 **팬에 볶기** 팬에 들기름을 두르고 양념한 부지깽이나물을 볶다가 물을 부어 2~3분 정도 끓인다. 국물이 자작해지면 불을 끄고 통깨를 뿌린다.

· · · 어린잎이면 10분 정도 삶아 찬물에 2시간 정도 우려서 쓰는 것이 좋아요.

천식을 가라앉히고 면역력을 높여줘요

부지깽이는 비타민 A와 비타민 C가 풍부하고 단백질, 칼슘이 많이 들어있는 산나물이에요. 천식을 가라앉히고 면역력을 높여줘 감기를 예방하는 효과가 있어요. 독특한 향기가 있어 입맛을 돋우는 데도 좋습니다.

머윗대들깨나물

머윗대에 들깨를 갈아 넣고 푹 익힌 나물이에요. 머위의 사각사각한 질감과 들깨의 고소한 향이 일품입니다.

들어가는 재료

머윗대 400g
들깨 2컵
소금·들기름 조금씩
물 1컵

양념

국간장 1큰술
다진 파 1큰술
다진 마늘 2작은술

1 **머윗대 삶기** 머윗대는 껍질을 벗기고 끓는 물에 삶아 먹기 좋게 썬다.

2 **들깨 갈기** 들깨를 분쇄기로 곱게 갈아 물과 섞는다.

3 **양념하기** 삶은 머윗대를 국간장에 먼저 무친 뒤 다진 파와 다진 마늘을 넣어 무친다.

4 **팬에 볶기** 팬에 들기름을 두르고 양념한 머윗대와 들깨물을 넣어 볶다가 중간 불에서 부드럽게 익힌다. 모자라는 간은 소금으로 맞춘다.

· · · 머윗대를 데칠 때 색깔이 파랗게 변하면 꺼내서 바로 찬물에 헹구세요. 데치기를 잘해야 구수하고 감칠맛이 진해요.

봄철, 기관지를 보호해요

비타민과 칼슘. 철분 등 미네랄이 풍부한 머윗대는 폐의 기운을 북돋우고 가래를 삭이는 데 효과가 있어 호흡기질환에 좋아요. 특히 꽃가루가 날리는 봄철에 약해지기 쉬운 기관지를 보호하는 효과가 뛰어납니다.

가지볶음

가지를 반달 모양으로 썰어 갖은 양념으로 볶아서 맛을 냈어요. 영양이 풍부하고 부드러워 제철인 여름에 상에 올리면 좋아요.

들어가는 재료

가지 2개
양파 1/2개
실파 3뿌리
식용유 적당량
간장 2큰술
다진 마늘 2작은술
설탕·참기름·깨소금
1작은술씩
소금·후춧가루 조금씩

1 **가지 썰기** 가지는 씻어 꼭지를 떼고 반달 모양으로 썬다.

2 **양파·실파 썰기** 양파는 반 갈라 굵게 채 썰고, 실파는 송송 썬다.

3 **팬에 볶기** 팬에 식용유를 두르고 양파와 가지를 볶다가 간장, 다진 마늘, 설탕을 넣고 소금으로 간을 맞춘다. 마지막에 참기름, 깨소금, 후춧가루, 실파를 넣어 한 번 더 볶는다.

· · · 가지는 썰어놓으면 색깔이 금세 변해요. 썰어서 물에 담가두면 갈변을 막을 수 있어요. 다진 쇠고기를 넣거나 풋고추와 고춧가루를 넣어 매콤하게 볶아도 맛있어요.

염증 치료와 항산화작용을 해요

가지는 성질이 차서 염증을 치료하는 데 도움이 돼요. 보라색을 내는 안토시아닌은 항산화작용을 하고, 만성피로 해소와 체력 증진에도 효과가 있어요. 가지의 꼭지 부분에 영양이 많으니 조리할 때 꼭지 부분을 너무 많이 잘라내지 마세요.

버섯볶음

은은한 향과 씹는 맛이 좋은 표고버섯과 느타리버섯을 참기름으로 양념해서 고소하게 볶았어요. 재료도 간단하고 만들기도 쉬워 식탁에 자주 올리면 좋아요.

들어가는 재료

표고·느타리버섯 200g씩
풋고추 1개
다진 파 1/2큰술
다진 마늘 1/2큰술
참기름 1작은술
깨소금 1/2큰술
소금·식용유 적당량씩

1 **버섯 준비하기** 표고버섯은 흐르는 물에 씻어 기둥을 잘라낸 뒤 채 썰고, 느타리버섯은 굵게 찢는다.

2 **풋고추 썰기** 풋고추는 물에 씻어 꼭지를 뗀다. 길게 반 갈라 씨를 긁어내고 원하는 길이로 잘라 채 썬다.

3 **버섯 볶기** 기름 두른 팬에 다진 파와 마늘, 표고버섯과 느타리버섯을 넣어 볶다가 풋고추를 넣어 볶는다.

4 **간 맞추기** 물을 조금 뿌려 타지 않게 좀 더 볶다가 소금, 참기름, 깨소금으로 맛을 내고 접시에 담는다.

비타민과 미네랄이 풍부한 저칼로리 영양식이에요

버섯은 각종 영양성분이 풍부하고 칼로리가 거의 없는 대표적인 식품이에요. 버섯에 함유된 에르고스테롤은 콜레스테롤 수치를 낮추고 비타민 D로 활성화되어 골다공증을 예방하는 효과가 있어요. 단백질과 비타민, 미네랄이 골고루 들어있고 식이섬유도 풍부해 다이어트에 도움이 됩니다.

버섯잡채

새송이버섯을 길게 썰어 쇠고기, 피망, 양파와 함께 잡채처럼 볶았어요. 새송이 외에 느타리버섯, 팽이버섯 등 버섯을 종류대로 넣고 다양한 맛을 느껴보는 것도 좋아요.

들어가는 재료

새송이버섯 3개
쇠고기 100g
피망·양파 1/2개씩
채 썬 마늘 3쪽분
소금·후춧가루·
참기름 조금씩
굴소스 적당량

쇠고기 양념

간장 1큰술
설탕·청주 1/2큰술씩
참기름 1작은술
깨소금·후춧가루 조금씩

1 **쇠고기 양념하기** 쇠고기는 채 썰어 양념에 무쳐서 간이 배게 둔다.

2 **채소 준비하기** 새송이버섯은 5cm 길이로 채 썰고, 피망은 반 갈라 씨를 제거한 뒤 같은 길이로 채 썬다. 양파도 채 썰어둔다.

3 **채소 볶기** 팬에 기름을 두르고 버섯과 피망을 살짝 볶아 따로 담아둔다.

4 **쇠고기 볶기** 다시 팬에 기름을 두르고 마늘을 먼저 볶다가 쇠고기, 양파를 넣고 조금 더 볶는다.

5 **재료 합쳐 맛내기** 미리 볶아둔 새송이버섯과 피망을 ④에 넣고 합친 뒤 굴소스, 소금, 참기름, 통깨로 맛을 더한다.

나트륨과 장내 노폐물을 배출시켜요

은은한 향과 씹는 맛이 좋은 새송이버섯은 수분 함량이 많고 식이섬유가 풍부해 장내 노폐물을 배출하는 효과가 있어요. 미네랄 중에서도 특히 칼륨이 풍부해 나트륨 배출을 돕고 베타글루칸을 함유해 면역력을 높여주는 효과도 있습니다.

가지고추장볶음

여름이 제철인 가지로 다양한 밑반찬을 만들어보세요. 찜을 해서 갖은양념으로 무쳐도 좋고, 어슷하게 썰어서 볶으면 만들기가 더 쉽답니다.

들어가는 재료

가지 2개
풋고추 1개
대파 1/3뿌리
마늘 2쪽
식용유 3큰술
참기름 1작은술
통깨 조금

고추장 양념
고추장·간장·청주 1큰술씩
설탕 1작은술

1 **재료 썰기** 가지는 5cm 길이로 길고 어슷하게 저며 썬다. 풋고추와 대파는 어슷하게 썰고, 마늘은 저민다.

2 **양념 섞기** 고추장과 간장, 맛술, 설탕을 섞어 고추장 양념을 만든다.

3 **가지 볶기** 기름 두른 팬에 마늘을 볶아 향을 낸 뒤 가지를 넣어 볶는다.

4 **양념 넣어 볶기** ③에 고추장 양념과 고추, 대파를 넣어 조금 더 볶고 참기름과 통깨로 맛을 더한다.

· · · 간장, 다진 파·마늘, 깨소금, 참기름, 소금, 후춧가루 등 갖은양념을 해서 기름에 볶아도 맛있어요.

가지의 찬 성질이 열을 내리게 해요

성질이 찬 가지는 대표적인 여름 채소예요. 가지의 찬 성질이 열을 내리게 하고, 식이섬유가 풍부해 변비를 해소해줍니다. 가지에 풍부한 안토시아닌 색소는 항산화 효과를 내는 것으로 유명해요.

숙주볶음

숙주를 고추·생강채와 함께 볶은 숙주볶음. 숙주는 데쳐서 무치기도 하지만 향신채소와 함께 볶으면 향이 아주 좋아요. 굴소스로 양념하면 이국적인 맛을 느낄 수 있어요.

들어가는 재료

숙주 400g
풋고추 2개
붉은 고추 1개
생강 1톨
청주 2큰술
소금 2작은술
참기름 1큰술
식용유 2큰술

1 **숙주 씻어 물기 빼기** 숙주는 깨끗이 씻어 건져 물기를 빼둔다.

2 **향신채소 준비하기** 풋고추와 붉은 고추는 반 갈라 씨를 턴 다음 곱게 채 썬다. 생강은 껍질을 벗겨 곱게 채 썬다.

3 **향신채소 볶기** 달군 팬에 기름을 두르고 센 불에서 고추와 채 썬 생강을 넣어 향이 나도록 볶는다.

4 **숙주 볶기** ③에 숙주를 넣고 소금으로 간한 뒤 참기름을 넣고 재빨리 볶아 접시에 담는다.

칼로리가 적고 포만감이 좋은 다이어트식이에요

녹두에 싹을 틔워 키운 숙주는 수분과 식이섬유가 풍부해 포만감이 높아요. 반면에 칼로리는 낮아서 다이어트 식품으로 아주 좋아요. 활성산소를 제거하는 작용을 해서 세포의 노화를 막고 성인병을 예방하는 효과도 있어요.

우엉볶음

아작아작 씹는 맛이 좋은 우엉을 가늘게 채 썰어 볶았어요. 우엉볶음은 밑반찬으로 두고 먹어도 좋고, 김밥을 쌀 때 넣어도 맛있어요.

들어가는 재료

우엉 200g
식초물(식초 1큰술, 물 2컵)
식용유 적당량
간장 3큰술
물엿 2큰술
청주 1큰술
다진 마늘 1큰술
참기름·통깨 조금씩

1 **우엉 껍질 벗기기** 우엉은 껍질을 칼등으로 살살 긁어낸 뒤 물에 헹군다.

2 **우엉 채썰기** 껍질 벗긴 우엉은 4~5cm 길이로 토막 내어 가늘게 채 썰어 식초물에 담가둔다.

3 **팬에 볶기** 팬에 식용유를 두르고 다진 마늘을 볶다가 채 썬 우엉과 간장, 물엿, 청주를 넣어 볶는다. 마지막에 참기름과 통깨를 넣어 맛을 낸다.

··· 우엉은 껍질을 벗기면 색깔이 금세 갈색으로 변해요. 식초물에 담가두면 갈변을 막을 수 있어요.

빈혈을 예방하고 콜레스테롤을 줄여줘요

우엉은 콜레스테롤을 몸 밖으로 내보내고 신장기능을 높여 당뇨병 환자에게도 좋아요. 식이섬유인 리그닌은 장운동을 활발하게 해 변비를 개선하고 암세포의 발생을 억제해주는 것으로 알려져 있어요.

오이볶음

오이를 소금에 살짝 절여 기름에 볶으면 아작아작하고 맛있어요. 오이의 오돌토돌한 가시를 긁어내고 볶아야 감촉이 좋아요.

들어가는 재료

오이 1개
소금 1큰술
식용유 1큰술
다진 파 1큰술
다진 마늘 1/2큰술
참기름 1작은술
통깨·소금 조금씩

1 **오이 썰기** 오이는 소금으로 문질러 씻어 물에 헹군 뒤 얇고 동그랗게 썬다.

2 **절여 물기 짜기** 얇게 썬 오이에 소금을 뿌려 15분 정도 절인다. 물기가 배어 나오면 꼭 짠다.

3 **오이 볶기** 달군 팬에 식용유를 두르고 오이를 재빨리 살짝 볶는다.

4 **팬에 볶기** ③에 다진 파, 다진 마늘, 참기름을 넣어 조금 더 볶는다. 오이가 아삭해지면 불을 끄고 통깨를 뿌린다.

··· 오이볶음은 센 불에서 얼른 볶아 식혀야 새파랗고 아작아작해요. 다진 쇠고기에 갖은 양념을 해서 함께 볶아도 맛있어요.

갈증을 풀고 피부미용에 좋아요

오이는 수분이 많고 비타민과 엽록소가 풍부해 피부 보습과 미백에 좋은 작용을 해요. 갈증을 해소하고 열을 식히는 작용도 뛰어나죠. 이뇨작용이 있어 몸이 부었을 때 먹으면 효과를 볼 수 있어요.

애호박새우젓볶음

애호박을 새우젓으로 양념해 볶아 깔끔하고 깊은 맛이 나요. 애호박은 소화 흡수가 잘 돼 아이들 반찬으로 좋아요.

들어가는 재료

애호박 1개
식용유 적당량
풋고추·붉은 고추 조금씩
새우젓 1큰술
다진 파 1큰술
다진 마늘 1/2큰술
참기름·깨소금·소금
조금씩

1 **애호박 절이기** 애호박을 반 갈라 반달 모양으로 썬 뒤 소금을 뿌려 절인다. 물기가 배어나오면 물기를 짠다.

2 **고추 썰기** 풋고추와 붉은 고추를 반 갈라 씨를 털어내고 어슷하게 썬다.

3 **새우젓 준비하기** 새우젓을 꼭 짜서 젓국을 받고 건더기는 적당히 다진다.

4 **팬에 볶기** 기름 두른 팬에 애호박을 볶다가 고추와 다진 새우젓, 젓국, 다진 파, 다진 마늘을 넣어 볶는다. 마지막에 참기름과 깨소금을 넣는다.

• • • 소금에 절였다가 물기를 짜서 센 불에 재빨리 볶아야 살캉살캉한 맛이 살아요. 볶아서 넓은 접시에 펼쳐 식히면 물러지지 않아요.

위가 약한 사람에게 좋아요

애호박은 수분이 많고 몸속에서 비타민 A로 바뀌는 베타카로틴과 비타민 C, 당질, 칼슘 등이 풍부해요. 항산화 영양소인 비타민 E도 많이 들어있어요. 소화 흡수가 잘 돼 위가 약한 사람에게 좋고, 식이섬유도 고구마만큼 많습니다.

피마자잎나물

말린 피마자잎을 삶아 간장과 들기름으로 양념해 볶은 나물이에요. 아주까리로 알려진 피마자잎은 잘 이용하면 약이 된답니다.

들어가는 재료

말린 피마자잎 50g
들기름 2큰술
통깨 조금
물 4큰술

양념

국간장 2큰술
다진 파·다진 마늘 1큰술씩
깨소금 1/2큰술

1 **피마자잎 삶기** 말린 피마자잎은 하루 정도 물에 불린 뒤 10~20분 삶아 여러 번 헹궈서 물기를 꼭 짠다.

2 **양념에 재기** 양념 재료를 모두 섞어 삶은 피마자잎에 넣고 조물조물 무쳐 30분 정도 잰다.

3 **팬에 볶기** 팬에 들기름을 두르고 양념한 피마자잎을 볶다가 물을 붓고 자작하게 조리듯이 볶는다. 마지막에 통깨를 뿌린다.

염증을 가라앉히고 독소를 배출해요

피마자잎은 염증을 가라앉히고 몸속의 독소를 배출하는 작용을 해요. 중풍으로 인한 얼굴 마비증상을 푸는 데도 뛰어난 효과가 있지요. 단, 독성이 있기 때문에 임신부나 비위가 약한 사람은 피하는 게 좋아요.

호박고지볶음

말린 애호박을 물에 불려 물기를 짠 뒤 기름에 볶다가
국간장으로 양념한 반찬이에요. 애호박을 햇볕에 잘
말린 호박고지나물은 씹을수록 쫄깃한 맛이 나요.

들어가는 재료

호박고지 100g
소금물(소금 1큰술, 물 1컵)
식용유 2큰술
국간장 2큰술
다진 파 1큰술
다진 마늘 1작은술
참기름(또는 들기름) 1큰술
깨소금 1작은술

1 **호박고지 불리기** 호박고지는 미지근한 물에 20분 정도 담가 부드럽게 불린 뒤 부서지지 않도록 가볍게 짠다.

2 **양념해 볶기** 달군 팬에 식용유를 두르고 호박고지와 소금물을 넣어 볶는다. 끓으면 다진 파, 다진 마늘을 넣고 국간장으로 간해 뒤적이며 볶는다.

3 **부드럽게 익히기** 뚜껑을 덮어 잠시 뜸을 들인다. 호박고지볶음이 부드러워지면 참기름과 깨소금을 넣어 맛을 더한다.

· · · 말린 호박을 실온에 보관하면 곰팡이가 생길 수 있어요. 오래 두고 먹으려면 냉동실에 보관하는 것이 좋아요.

비타민 D가 골다공증을 예방해요

호박의 영양이 농축되어있는 호박고지는 햇볕에 말리면서 비타민 D가 생겨 골다공증 예방에 좋아요. 식이섬유가 풍부해 다이어트에 좋고, 이뇨작용이 있어 부기를 빼는 데도 효과가 있어요.

고구마줄기볶음

고구마줄기를 양념해 볶으면 들기름 향이 배어 고소하고 아삭아삭 씹히는 맛도 좋아요. 된장과 고추장을 섞어 양념하면 텁텁하지 않아요.

들어가는 재료

고구마줄기 400g
붉은 고추 1개
들기름 2큰술
통깨 조금

양념

된장·고추장 1큰술씩
다진 파 1/2큰술
다진 마늘 1큰술

1 **고구마줄기 데치기** 고구마줄기의 끝을 꺾어 내려 껍질을 벗긴다. 끓는 물에 데쳐 찬물에 헹궈 물기를 꼭 짜서 5cm 길이로 썬다.

2 **고추 썰기** 붉은 고추는 씨를 빼낸 뒤 송송 썬다.

3 **양념하기** 양념 재료를 섞어 고구마줄기에 넣고 조물조물 무친다.

4 **팬에 볶기** 달군 팬에 들기름을 두르고 양념한 고구마줄기를 볶다가 채 썬 고추를 넣어 좀 더 볶는다. 마지막에 통깨를 뿌린다.

· · · 고구마줄기는 마르지 않고 통통한 것을 골라야 부드럽고 맛있어요.

골다공증과 고혈압을 예방해요

고구마줄기도 고구마처럼 식이섬유가 많아 변비 예방에 좋아요. 칼슘과 칼륨이 풍부해 골다공증과 고혈압을 막고 지방간과 대장암 예방에도 효과가 있어요. 비타민이 풍부해 노화 방지에도 도움이 됩니다.

미역줄기볶음

미역줄기볶음은 꼬들꼬들 씹히는 맛이 좋아요. 마늘을
넉넉히 넣고 향이 충분히 배어들게 볶아야 맛있어요.

들어가는 재료

염장 미역줄기 300g
풋고추 1개
식용유 1큰술

양념

간장 2큰술
다진 마늘 1큰술
청주 1작은술
통깨 조금

1 **미역 짠맛 빼기** 미역줄기는 물에 충분히 담가 짠맛을 뺀 뒤 맑은 물에 여
러 번 헹궈 먹기 좋게 썬다.

2 **풋고추 썰기** 풋고추는 반 갈라 씨를 털어내고 채 썬다.

3 **양념하기** 미역줄기에 양념을 넣어 고루 주무른다.

4 **팬에 볶기** 달군 팬에 식용유를 두르고 양념한 미역줄기를 볶다가 채 썬
풋고추를 넣어 볶는다.

··· 염장 미역줄기는 찬물에 담가 짠맛을 빼고 조리해야 해요. 염장 상태에 따라 찬물에
담가두는 시간이 다른데, 보통 1시간 정도 담가두면 짠맛이 알맞게 빠져요.

콜레스테롤을 줄이고 피를 맑게 해요

칼로리가 거의 없어 다이어트에 좋고, 식이섬유인 알긴산이
변비를 예방해줘요. 알긴산은 콜레스테롤을 줄이고 피를 맑게
하는 작용도 해요. 비타민 B의 일종인 엽산이 풍부한데, 태아
의 척추기형을 막기 때문에 임신부가 먹으면 특히 좋아요.

고구마줄기 들깨볶음

고구마의 연한 줄기를 데쳐서 국간장으로 간해 볶은 나물이에요. 들깨를 갈아서 체에 내려 양념했기 때문에 맛과 향이 더욱 고소해요.

들어가는 재료

고구마줄기 400g
들깨 1/2컵
들기름 4큰술
물 4큰술

고구마줄기 양념
국간장 3큰술
다진 파 1큰술
다진 마늘 1작은술

1 **들깨 갈기** 들깨를 분마기에 담고 물을 조금씩 부어가며 곱게 갈아 체에 내린다.

2 **고구마줄기 삶기** 고구마줄기는 끝을 꺾어가면서 껍질을 벗긴 뒤, 끓는 물에 삶아 찬물에 헹궈 물기를 꼭 짠다.

3 **고구마줄기 양념하기** 삶은 고구마줄기를 5cm 길이로 썰어 다진 파, 다진 마늘, 국간장으로 양념한다.

4 **팬에 볶다가 들깨즙 넣기** 팬에 들기름을 두르고 고구마줄기를 볶다가 들깨즙을 넣는다. 마지막에 뚜껑을 덮고 잠시 뜸을 들인다.

4

불포화지방산이 풍부해 피부미용에 좋아요

비타민과 식이섬유가 풍부한 고구마줄기를 들깨즙으로 무쳐 영양이 업그레이드됐어요. 들깨는 비타민 E와 불포화지방산이 풍부해 피부미용에 좋고 모발도 건강하게 해줘요.

무나물

무를 가늘게 채 썰어 국간장으로 구수하게 볶았어요.
무나물에는 생강즙과 참기름을 넣어야 구수하고 깔끔
해서 제 맛이 납니다.

들어가는 재료

무 1/3개
식용유 1큰술

무침 양념

국간장 1큰술
다진 파 1큰술
다진 마늘 1작은술
생강즙 1작은술
참기름 1큰술
소금 1/2큰술

1 **무 채 썰기** 무는 5cm 크기로 토막 내어 가늘게 채 썬다.

2 **무나물 볶기** 냄비에 기름을 두르고 무채를 볶다가 숨이 죽으면 소금과
국간장으로 간하고 파, 마늘, 생강즙을 넣는다.

3 **뚜껑 덮어 익히기** 고루 섞어 맛이 들게 한 뒤 뚜껑을 덮어 약한 불에서 부
드럽게 익힌다.

4 **참기름으로 맛내기** 무가 나른하게 익으면 참기름을 넣어 고루 섞는다.

목감기에 무즙을 마시면 좋아요

무는 소화효소가 풍부해 위의 기능을 돕고 소화가 잘되게 합
니다. 비타민 C도 많아서 감기에도 좋아요. 목감기에 무즙을
마시면 효과를 볼 수 있어요.

Plus Recipe

나물 장아찌

깻잎간장장아찌

들어가는 재료

깻잎 100장, 간장 1/2컵, 물 2컵, 소금 1큰술

1 **깻잎 손질하기** 깻잎은 줄기 끝을 잡고 흐르는 물에 여러 번 씻어 채반에 널어 물기를 뺀다.

2 **장물 끓이기** 냄비에 간장과 물, 소금을 넣고 한소끔 팔팔 끓여 식힌다.

3 **깻잎에 장물 붓기** 손질한 깻잎을 5장씩 모아 차곡차곡 밀폐용기에 담고 장물을 부어 하루 정도 실온에서 삭힌 뒤 냉장고에 보관한다.

머윗잎된장장아찌

들어가는 재료

머윗잎 50장, 소금물(소금 3큰술, 물 4컵), 참기름 조금
장아찌 양념 붉은 고추 2개, 된장 1/2컵, 설탕 1큰술

1 **머윗잎 손질하기** 머윗잎은 너무 넓지 않은 것으로 준비해 줄기 끝을 잡고 잎 쪽으로 꺾어 껍질을 벗긴다.

2 **소금물에 절이기** 소금물에 머윗잎이 잠길 정도로 담가 1시간 정도 절였다가 건져 물기를 닦는다.

3 **장아찌 양념 만들기** 붉은 고추를 송송 썰어 된장, 설탕과 섞는다. 아주 오래 두고 먹을 것이 아니면 설탕을 조금 넣어도 된다.

4 **양념 바르기** 머윗잎에 양념한 된장을 발라 반나절 정도 두었다 먹는다. 먹을 때 참기름을 조금 뿌린다.

깻잎이나 두릅, 더덕처럼 제철에 많이 나는 산채로 장아찌를 담가보세요.
간장, 고추장, 된장으로 짭짤하게 담그면 산채 특유의 향을 오래도록 즐길 수 있어요.

두릅고추장장아찌

들어가는 재료

두릅 500g, 소금물(소금 3큰술, 물 4컵), 고추장 1컵

1 **두릅 손질하기** 두릅은 가시를 잘라내고 소금물에 담가 반나절 정도 절인다.

2 **물기 빼기** 소금물에 절인 두릅을 건져 물기를 충분히 뺀다.

3 **고추장에 버무리기** 물기 뺀 두릅에 고추장을 넣고 고루 버무려 실온에서 하루 정도 두어 삭힌 뒤 냉장고에 넣어둔다.

더덕고추장장아찌

들어가는 재료

더덕 400g, 소금 2큰술, 물 4컵, 고추장 1½컵

1 **더덕 껍질 벗기기** 더덕은 칼로 껍질을 벗기고 씻는다.

2 **방망이로 두들기기** 더덕을 면포에 싸서 방망이로 자근자근 두들겨 납작하게 만든다. 굵직한 것은 반으로 갈라 두들겨서 부드럽게 만든다.

3 **소금물에 데치기** 물을 끓이다가 더덕을 넣고 소금을 넣어 살짝 데친 뒤 식혀서 물기를 꼭 짠다.

4 **고추장에 버무리기** 더덕을 고추장에 버무린 뒤 통에 담아 실온에 3일 정도 둔다. 결이 삭으면 냉장고에 넣어두고 먹을 양만큼 덜어 찢어서 접시에 담는다.

Part 4

나물요리

나물은 반찬 외에도 다양한 음식으로 즐길 수 있어요. 비빔밥은 물론 김밥이나 파스타를 만들어도 색다른 맛이 좋아요. 싱싱하고 영양 많은 제철 나물로 여러 가지 음식을 만들어 상에 올리면 사계절 내내 가족의 입맛과 건강을 챙길 수 있어요.

산채비빔밥

냉이와 달래, 취나물 등을 넣고 고추장에 쓱쓱 비벼 먹는 웰빙 비빔밥이에요. 비타민과 미네랄이 풍부한 산나물이 가득 들어가 맛은 물론 몸에도 좋아요.

들어가는 재료

현미밥 4공기
냉이·달래·취·
깻잎순·우거지 2줌씩

우거지 양념

국간장 2큰술
다진 마늘 2작은술
들기름 2큰술
통깨 2작은술
소금 조금

냉이 양념

된장 1큰술
국간장 1작은술
다진 파·다진 마늘
1작은술씩
참기름·깨소금
1/2작은술씩

양념장

고추장 4큰술
된장·물엿 2큰술씩
다진 파 2큰술
다진 마늘 1큰술
참기름 2큰술
깨소금 2작은술

1 **취·깻잎순·우거지 볶기** 우거지는 푹 삶고, 취와 깻잎순은 끓는 물에 데친다. 각각 먹기 좋게 썰어 들기름을 두른 팬에 양념해 볶는다.

2 **냉이 무치기** 냉이는 살짝 데친 뒤 냉이 양념을 모두 섞어 넣고 고루 무친다.

3 **달래 썰기** 달래는 깨끗이 씻어 물기를 털고 송송 썬다.

4 **그릇에 담기** 그릇에 따뜻한 현미밥을 담고 준비한 나물을 돌려 담은 뒤 양념장을 곁들인다.

몸의 면역력을 길러줘요

산나물은 비타민과 미네랄이 풍부해 면역기능을 좋게 해요. 특히 냉이는 위궤양을 치료하고, 취는 진통이나 항암 효과가 있는 등 약효도 뛰어나죠. 비빔밥은 여러 가지 나물이 골고루 들어가 다양한 효능이 가득해요.

강된장비빔밥

보리밥에 삼색 나물을 넣고 구수한 강된장으로 비벼 먹으면 입맛 없는 여름철 별미입니다. 집에 있는 재료로 간편하게 만들 수 있어요.

들어가는 재료

보리밥 4공기
콩나물·깻잎순 2줌씩
삶은 고사리 80g

콩나물 양념
다진 파 1큰술
다진 마늘 1작은술
참기름·깨소금·소금
조금씩

깻잎순 양념
다진 마늘 1작은술
참기름·깨소금·소금
조금씩

고사리 양념
국간장 1큰술
다진 파 1큰술
다진 마늘 1작은술
참기름·깨소금 조금씩

강된장
된장 2큰술
고추장 1큰술
다진 애호박·다진 양파
1/2개분씩
다진 마늘·다진 풋고추
2작은술씩
멸치국물 2컵

1 **깻잎순·콩나물 무치기** 콩나물과 깻잎순은 끓는 물에 각각 데쳐 콩나물은 식혀서 양념에 무치고, 깻잎순은 찬물에 헹궈 물기를 짜서 양념한다.

2 **고사리 볶기** 삶은 고사리를 먹기 좋게 썰어 국간장, 다진 파, 다진 마늘로 양념한다. 팬에 물을 조금 넣어 볶다가 참기름, 깨소금을 뿌린다.

3 **강된장 만들기** 뚝배기에 멸치국물을 넣고 된장과 고추장을 푼 뒤 다진 애호박, 다진 양파, 다진 마늘을 넣어 팔팔 끓인다. 한소끔 끓으면 다진 풋고추를 넣고 바짝 졸아들 때까지 끓인다.

4 **그릇에 담기** 그릇에 따뜻한 보리밥을 담고 준비한 나물을 올린 뒤 강된장을 곁들인다.

· · · 삼색 나물 대신 부추와 애호박을 넣고 비벼도 잘 어울려요. 강된장에 감자를 잘게 썰어 넣으면 되직하고 부드러워져요.

성인병과 암을 예방해요

비타민이 풍부한 나물과 단백질이 풍부한 된장을 함께 먹으면 맛은 물론 영양도 보완돼요. 된장은 성인병이나 암을 예방할 뿐만 아니라 해독작용이 있어 술과 담배, 중금속의 독성을 중화시켜요.

취나물보리비빔밥

구수한 보리밥에 향이 좋은 취나물을 넣어 비벼 먹는 별미 비빔밥이에요. 쇠고기와 잣을 넣고 볶은 고추장을 곁들여 맛과 영양이 좋아요.

들어가는 재료

보리밥 4공기

취나물 양념
취 400g
된장 2큰술
다진 파 1큰술
다진 마늘 1작은술
참기름·깨소금 1작은술씩
식용유 1큰술
물 1/3컵

애호박나물 양념
애호박 1/2개
새우젓 1큰술
다진 마늘 1작은술
참기름 1작은술
식용유 1큰술

볶음고추장
고추장 1컵
다진 쇠고기 150g
잣 2큰술
다진 마늘 1작은술
물엿 2큰술
참기름 1큰술
물 1/2컵

1 **취 데쳐 양념하기** 취는 단단한 줄기를 떼어내고 끓는 물에 데친 뒤 숭숭 썰어 된장, 다진 파, 다진 마늘, 깨소금, 참기름으로 무친다.

2 **취나물 볶기** 달군 팬에 기름을 두르고 양념한 취를 볶다가 물을 붓고 뚜껑을 덮어 뜸을 들인다.

3 **애호박나물 볶기** 애호박은 반달 모양으로 썰어 기름 두른 팬에 양념해가며 살캉거리게 볶는다.

4 **고추장 볶기** 팬에 참기름을 두르고 다진 마늘과 다진 쇠고기를 볶다가 고추장, 물, 물엿, 잣을 넣고 저어가며 볶는다.

5 **그릇에 담기** 그릇에 따뜻한 보리밥을 담고 취나물과 애호박나물을 얹은 뒤 볶음고추장을 올린다.

비타민과 미네랄이 풍부해 춘곤증을 예방해요

특유의 향취가 좋은 취나물은 칼슘, 칼륨 등의 미네랄 함량이 높고 녹색채소 특유의 비타민 A와 C도 풍부해요. 참취는 3~4월이 제철인데, 봄나물은 피로를 해소하고 춘곤증을 예방하는 효과가 있어요.

참나물파스타

향긋하고 깔끔한 맛이 매력인 파스타예요. 올리브오일과 구운 마늘, 참나물의 향이 어우러져 맛이 풍부해요.

들어가는 재료

스파게티 300g
참나물 100g
마늘 10쪽
소금·후춧가루 조금씩
올리브오일 적당량

홍합스톡

홍합 200g
화이트와인 2작은술
소금 조금
물 6컵

1 **참나물·마늘 준비하기** 참나물은 씻어 먹기 좋게 썰고, 마늘은 저민다.

2 **스파게티 삶기** 끓는 물에 스파게티를 10분 정도 삶아 체에 받쳐 물기를 뺀다.

3 **홍합스톡 만들기** 냄비에 물과 화이트와인, 손질한 홍합을 넣어 끓이다가 소금으로 간한다.

4 **소스 만들기** 팬에 올리브오일을 두르고 저민 마늘을 볶아 향을 낸 뒤 홍합스톡을 넣고 끓인다. 소금과 후춧가루로 간을 한다.

5 **스파게티 넣어 볶기** ④에 스파게티를 넣어 볶다가 참나물을 넣고 올리브오일을 둘러 좀 더 볶는다.

6 **참나물 올리기** 스파게티를 그릇에 담고 생 참나물을 올린다.

눈에 좋은 베타카로틴이 풍부해요

참나물은 비타민, 철분, 칼슘 등이 풍부해 어린이의 성장을 돕고 피부미용에도 좋아요. 베타카로틴이 많아 안구건조증 예방에도 도움이 됩니다. 고혈압과 중풍을 막고, 신경통에 효과 있는 것으로 알려져 있어요.

참나물볶음밥

봄나물의 향긋함을 그대로 느낄 수 있는 볶음밥이에요. 잔멸치와 달걀을 함께 볶아 칼슘과 단백질을 보완하고 맛도 업그레이드시켰어요.

들어가는 재료

밥 4공기
참나물 2줌
잔멸치 2컵
양파 1/2개
표고버섯 2개
달걀 2개
설탕 조금
맛술 1큰술
청주·참기름 2작은술씩
식용유 적당량

참나물 양념

참기름·소금·후춧가루
조금씩

1 **참나물 양념하기** 참나물은 끓는 물에 데쳐 헹군 뒤 물기를 짜서 2cm 길이로 썬다. 참기름·소금·후춧가루로 양념해 무친다.

2 **양파·표고버섯·잔멸치 준비하기** 양파와 표고버섯은 굵게 다지고, 잔멸치는 전자레인지에 30초 정도 돌려 수분을 없앤다.

3 **양파·표고버섯·잔멸치 볶기** 기름 두른 팬에 잔멸치를 넣고 맛술, 청주, 설탕, 참기름으로 양념해 볶다가 양파와 표고버섯을 넣어 함께 볶는다.

4 **밥 섞고 달걀 볶기** ③에 밥을 넣어 섞고, 팬 한쪽에 달걀을 풀어 넣어 스크램블을 만든다.

5 **참나물 넣기** ④에 양념한 참나물을 넣어 고루 섞는다.

··· 참나물을 밥과 함께 볶는 대신 무침을 해서 밥 위에 얹어 비벼 먹어도 맛있어요.

눈을 밝게 하고 치매를 예방해요

참나물은 촉감이 부드럽고 미나리 향이 나서 입맛 없는 봄철 밥상에 올리면 좋아요. 몸속에서 비타민 A로 바뀌는 베타카로틴이 많아 눈을 밝게 하고 식이섬유도 풍부하죠. 뇌기능을 좋게 해 치매 예방에도 효과가 있어요.

콩나물밥

콩나물을 넉넉히 넣고 밥을 지어 양념장에 비벼 먹는 별미밥. 맑게 끓인 국물과 함께 내면 잘 어울려요. 입맛 없을 때 간단히 준비하는 한 그릇 요리로 안성맞춤입니다.

들어가는 재료

불린 쌀 3컵
콩나물 300g
돼지고기 100g
물 3컵

돼지고기 밑간

간장·청주 1/2큰술씩

양념장

간장 5큰술
고춧가루 2큰술
다진 풋고추·다진 파
2큰술씩
다진 마늘 1작은술
참기름 1큰술
깨소금·소금 1작은술씩
물 1/2컵

1 **돼지고기 밑간하기** 돼지고기를 잘게 썰어 청주와 간장으로 밑간한다.

2 **콩나물 준비하기** 콩나물은 깨끗이 씻어 건진다.

3 **밥 짓기** 솥에 콩나물을 반 담고 쌀을 얹은 뒤 고기와 콩나물을 번갈아 얹고 물을 붓는다. 처음에 불을 세게 해서 끓이다가 콩나물이 익는 냄새가 나면 불을 약하게 줄여 뜸을 들인다.

4 **양념장 곁들이기** 콩나물밥에 양념장을 곁들인다.

· · · 콩나물밥은 재료에서 물이 나오기 때문에 평소보다 밥물을 적게 잡아야 해요.

치매를 막는 레시틴이 풍부해요

콩나물은 사포닌이 들어있어 콜레스테롤을 줄이고 고혈압, 동맥경화 등을 막아줘요. 치매 예방에 좋은 레시틴과 유방암, 골다공증을 예방해주는 이소플라본도 들어있어요. 알코올을 분해하는 아스파라긴산은 잔뿌리에 많으므로 숙취 해소를 위해서라면 잔뿌리를 다듬지 마세요.

시래기밥

부드럽게 불린 시래기를 넣고 밥을 지어 양념장에 비벼 먹는 나물밥. 무청을 말려 시래기를 만들면 다양하게 이용할 수 있어요.

들어가는 재료

불린 쌀 3컵
삶은 시래기 150g
참기름·간장 1½큰술씩
물 3컵

양념장
간장 5큰술
고춧가루 1큰술
다진 파·참기름 2큰술씩
설탕 1작은술

1 **시래기 손질하기** 시래기는 질긴 줄기를 벗겨내고 먹기 좋은 크기로 썬다.

2 **양념장 만들기** 재료를 섞어 양념장을 만든다.

3 **시래기밥 안치기** 밥솥에 쌀과 물, 시래기를 넣고 참기름과 간장으로 양념해 볶다가 뚜껑을 덮어 센 불에서 끓인다.

4 **양념장 곁들이기** 밥물이 끓으면 약한 불로 줄여 10분 정도 뜸을 들인다. 다 되면 그릇에 담고 양념장을 곁들인다.

· · · 시래기는 찬물에 담가 반나절 정도 불려야 부드러워요. 억센 부분은 껍질을 벗겨내고 잘게 써세요.

소화효소가 풍부해요

무청시래기는 소화효소와 식이섬유가 풍부해 소화와 배변을 도와줘요. 비타민 A와 C도 풍부해서 감기에도 좋아요.

우거지주먹밥

된장으로 양념한 우거지주먹밥은 구수한 맛이 일품이에요. 한 입에 쏙 들어가는 크기로 만들면 아이들 간식이나 도시락으로 좋아요.

들어가는 재료

밥 4공기
열무 300g
다진 쇠고기 100g
된장 2큰술
참기름 1큰술
소금 조금

쇠고기 양념

간장 1/2큰술
청주 2작은술
설탕 1작은술
다진 마늘 1/2작은술
소금·후춧가루 조금씩

1 **열무 삶아 볶기** 열무는 깨끗이 다듬어 씻어 끓는 물에 데친다. 물기를 꼭 짜서 송송 썰어 달군 팬에 참기름을 두르고 소금으로 간해 볶는다.

2 **쇠고기 볶기** 다진 쇠고기를 양념해 달군 팬에 볶는다.

3 **열무·쇠고기 볶기** 볶은 열무와 쇠고기를 함께 한 번 더 볶는다.

4 **된장에 무치기** ③에 된장을 넣고 고루 버무려 간이 배게 한다.

5 **밥 섞어 뭉치기** 넓은 그릇에 밥을 담고 ④의 우거지무침을 넣어 고루 섞은 뒤 동그랗게 뭉친다.

영양이 우수한 저칼로리 식품이에요

열무에는 비타민 A와 C가 풍부해 면역력을 키우고 눈 점막과 피부, 모발 등을 건강하게 지켜줘요. 사포닌이 많아 고혈압, 저혈압 같은 성인병 예방에도 좋아요. 또한 전분을 분해하는 효소와 식이섬유가 풍부해 소화기능을 향상시켜줍니다.

나물김밥

햄 대신 시금치나물, 도라지나물, 고사리나물을 넣어 돌돌 만 김밥. 맛과 영양도 좋고 소화도 잘 돼요. 세 가지 색이 곱게 어우러져 모양도 예뻐요.

들어가는 재료

김 3장
밥 3공기
고사리·도라지 150g씩
시금치 200g
소금 조금
식용유 적당량

고사리 양념
국간장·다진 마늘·
참기름·깨소금 1작은술씩

도라지·시금치 양념
다진 마늘·소금·깨소금·
참기름 1큰술씩

밥 양념
소금 1작은술
설탕·참기름 조금씩

1 **고사리나물 준비하기** 고사리는 끓는 물에 데쳐 헹군 뒤 물기를 꼭 짜서 5cm 길이로 썰어 양념한다. 기름 두른 팬에 양념한 고사리를 볶아 식힌다.

2 **도라지나물 준비하기** 도라지는 소금으로 주물러 쓴맛을 빼고 헹군 뒤 끓는 물에 데친다. 기름 두른 팬에 도라지 양념을 반 덜어 넣고 볶는다.

3 **시금치나물 준비하기** 시금치는 소금을 넣고 데쳐 찬물에 헹군다. 물기를 꼭 짜서 나머지 양념에 무친다.

4 **김밥 말기** 김을 살짝 구워 김발에 올리고 양념한 밥을 그 위에 편 다음 준비한 나물을 얹고 돌돌 말아 먹기 좋게 썬다.

변비를 막아 다이어트에 좋아요

고사리는 단백질과 칼슘, 칼륨 등의 미네랄이 많아요. 도라지는 면역력을 높이고 항암 효과가 있는 사포닌이 들어있고, 시금치는 비타민 A·B·C가 모두 풍부하죠. 또 세 가지 나물 다 식이섬유가 많아 변비를 막고 다이어트에 좋아요.

아욱죽

국거리나 나물로 주로 쓰는 아욱을 불린 쌀과 함께 된
장과 고추장으로 맛을 낸 국에 넣고 푹 끓인 죽. 구수
하고 든든해 한 끼 식사로 손색이 없어요.

들어가는 재료

쌀 1½컵
물 15컵
아욱 500g
붉은 고추 1개
된장 2큰술
고추장 1큰술
국간장·소금 조금씩
참기름 1큰술

1 **쌀 불리기** 쌀을 씻어서 체에 밭쳐 30분 정도 불린다.

2 **아욱 다듬기** 아욱은 줄기의 껍질을 벗긴 뒤 소금을 조금 뿌려 손바닥으
로 가볍게 문지르듯이 비벼가며 씻은 뒤 찬물에 헹궈 4cm 길이로 썬다.

3 **죽 끓이기** 냄비에 참기름을 두르고 불린 쌀을 넣어 볶다가 된장과 고추
장을 넣고 물을 부어 약한 불에서 끓인다.

4 **아욱·고추 넣어 끓이기** 쌀알이 투명해지면 아욱과 송송 썬 붉은 고추를
넣고 쌀이 푹 퍼질 때까지 끓인다. 국간장, 소금으로 간하고 불을 끈다.

어린이 성장발육에 좋아요

아욱은 단백질과 미네랄, 칼슘, 지방이 시금치보다 두 배나 많
아 어린이 성장발육에 좋아요. 또 채소 중 칼륨 함유량이 가장
많아 자라나는 어린이의 골격 형성에 도움을 주고, 여성의 날
카로운 신경과 불안감을 가라앉히는 데도 효과가 있어요.

근대죽

부드러운 근대와 감칠맛이 좋은 마른 새우를 넣고 끓인 근대죽은 위를 튼튼하게 하고 소화를 도와줘요. 근대는 위가 안 좋은 사람에게 특히 좋은 재료입니다.

들어가는 재료

불린 쌀 1컵
물 7컵
근대 200g
감자 1개
마른 새우 1/3컵
간장 1큰술
다진 파 1작은술
다진 마늘 1/2작은술
깨소금·참기름·소금
조금씩

1 **근대·감자 준비하기** 근대는 줄기의 껍질을 벗겨내고 끓는 물에 데쳐 꼭 짠 다음 송송 썬다. 감자는 껍질을 벗겨 도톰하게 썬다.

2 **죽 끓이기** 두꺼운 냄비에 불린 쌀과 마른 새우, 감자를 넣고 물을 부어 끓인다.

3 **근대 넣고 간하기** 쌀이 퍼지면 근대를 넣고 간장, 다진 파, 다진 마늘, 깨소금, 참기름으로 맛을 낸 뒤 소금으로 간해서 그릇에 담는다.

비타민과 미네랄이 풍부해요

근대는 여름 채소 중에서도 영양가가 높은 채소로 꼽혀요. 필수 아미노산과 비타민, 미네랄이 풍부해서 몸을 튼튼하게 하고, 식이섬유도 다른 채소에 비해 많아서 위와 장 건강에 좋답니다.

시래기죽

삶은 시래기를 된장에 조물조물 무쳐서 멸치국물을 부어 끓인 구수한 죽. 식이섬유가 풍부해 변비 예방에 좋아요.

들어가는 재료

불린 쌀 1컵
삶은 시래기 1컵
참기름·소금 조금씩

시래기 양념

된장 1/2큰술
다진 파 1/2작은술
다진 마늘·참기름 조금씩

멸치국물

멸치 10마리
물 7컵

1 **멸치국물 내기** 멸치는 머리와 내장을 떼고 냄비에 넣어 볶다가 물을 붓고 15분쯤 끓여 체에 거른다.

2 **시래기 양념하기** 삶은 시래기는 껍질을 벗기고 잘게 썰어 양념에 무친다.

3 **시래기 볶기** 두꺼운 냄비에 참기름을 두르고 양념한 시래기를 볶는다.

4 **죽 끓이기** ③에 불린 쌀을 넣어 잠시 더 볶다가 멸치국물을 부어 끓인다. 쌀이 잘 퍼지면 소금으로 간한다.

변비 개선에 최고예요

시래기는 무청을 말린 것으로 구수하고 맛이 좋아 밥이나 죽, 나물 등으로 다양하게 즐길 수 있어요. 식이섬유가 풍부해 변비 개선에 최고입니다.

콩나물죽

멸치국물에 콩나물과 오징어를 넣고 끓였어요. 고춧
가루를 조금 넣으면 얼큰한 맛이 돌아 감기와 숙취를
해소하는 데 제격입니다.

들어가는 재료

불린 쌀 1컵
멸치국물 7컵
콩나물 200g
오징어 1/4마리
새우젓 1/2작은술
다진 파 1큰술
다진 마늘 1/2작은술

양념장
간장 1큰술
다진 파 1/2큰술
다진 마늘 1/3작은술
고춧가루 1/2작은술
깨소금·참기름 1작은술씩

1 **오징어 손질하기** 오징어는 깨끗이 손질해 가늘게 채 썬다.

2 **죽 끓이기** 두꺼운 냄비에 콩나물을 넣고 불린 쌀과 오징어, 멸치국물을
넣어 끓인다.

3 **새우젓으로 간하기** 쌀이 익으면 새우젓, 다진 파, 다진 마늘을 넣어 끓인다.

4 **그릇에 담기** 죽이 푹 퍼지면 그릇에 담아 양념장과 함께 낸다.

노폐물을 배출하고 지방 분해를 도와요

콩나물은 비타민 C가 풍부해 감기 예방과 피부미용에 좋고,
노폐물 배출을 돕는 식이섬유가 많아 변비를 개선하는 효과도
있어요. 콩나물의 콩에는 비타민 B_2가 풍부해 지방대사를 원
활하게 해주는 효과도 있습니다.

미나리죽

미나리를 듬뿍 넣어 향긋한 채소죽이에요. 열을 내리고 식이섬유가 풍부해 변비에 효과적이에요.

들어가는 재료

불린 쌀 1컵
물 7컵
미나리 100g
파프리카 1/2개
다진 쇠고기 50g
소금·김가루 조금씩

쇠고기 양념

간장 1/2큰술
다진 파 1작은술,
다진 마늘 1/3작은술
참기름 1작은술

1 **미나리·파프리카 준비하기** 미나리는 끓는 물에 데쳐 짧게 썰고, 파프리카는 채 썬다.

2 **쇠고기 양념해 볶기** 다진 쇠고기는 양념해서 두꺼운 냄비에 참기름을 두르고 볶다가 물을 붓고 끓인다.

3 **죽 끓이다가 미나리·파프리카 넣기** ②가 끓으면 쌀을 넣어 끓이다가 쌀이 익으면 미나리와 파프리카를 넣는다.

4 **간하고 김가루 뿌리기** 다 되면 소금으로 간하고 그릇에 담아 김가루를 뿌린다.

몸의 독소를 빼고 노화를 늦춰요

미나리는 특유의 향이 입맛을 돋우는 채소예요. 식이섬유와 비타민이 풍부해서 변비를 치료하며, 몸속의 독소를 제거해 피를 맑게 해줍니다. 세포의 노화와 암을 억제하는 효과도 있어요.

쑥콩가루죽

콩가루와 쑥을 넣어 향기가 좋은 찹쌀죽이에요. 오장
을 튼튼하게 하고 기운을 돋우며 혈액순환을 좋게 해
혈색이 밝아져요.

들어가는 재료

불린 찹쌀 1컵
물 7컵
쑥 20g
콩가루 2큰술
소금 조금

1 **쑥 데치기** 쑥을 다듬어서 끓는 물에 살짝 데친 뒤, 찬물에 헹궈 꼭 짜서
먹기 좋게 썬다.

2 **죽 끓이기** 두꺼운 냄비에 불린 쌀과 물을 넣고 센 불에서 나무주걱으로
저어가며 끓인다.

3 **쑥·콩가루 넣기** 쌀이 절반 정도 익으면 불을 약하게 줄이고 데친 쑥과
콩가루를 넣어 나무주걱으로 저어가며 끓인다.

4 **간하기** 죽이 푹 퍼지면 소금으로 간하여 그릇에 담는다.

몸을 따뜻하게 하고 혈액순환을 도와줘요

쑥은 향긋해서 입맛을 돋우고 성질이 따뜻해서 몸을 따뜻하게
합니다. 혈액순환을 도와 피를 맑게 하고 지혈 효과도 뛰어나
요. 진통·해독·소염작용이 있으며 살균작용이 뛰어나 피부
병에도 효과적이에요.

묵은나물비빔밥

삼나물, 부지깽이, 고비 등 산나물이 가득한 비빔밥이에요. 말린 나물을 이용해 향긋하고 씹는 맛이 좋아요.

들어가는 재료

밥 4공기
삶은 삼나물·부지깽이·
고비·미역취 100g씩
다진 쇠고기 100g

양념

다진 파 2큰술
다진 마늘 1½큰술
국간장 3큰술
설탕 2작은술
굵은 소금·간장
2큰술씩
들기름·통깨 1큰술씩
후춧가루·식용유 조금씩

고추장 양념

고추장 5큰술
물엿 1½큰술
매실청 1큰술
다진 마늘·참기름
1큰술씩

1 **삼나물 볶기** 삼나물은 다진 파·마늘, 국간장, 소금으로 양념해 기름 두른 팬에 볶다가 참기름, 깨소금으로 맛을 낸다.

2 **고비·미역취·부지깽이나물 볶기** 고비와 미역취, 부지깽이는 각각 다진 파·마늘, 국간장, 소금으로 양념해 볶다가 물을 조금 붓고 뚜껑을 덮어 5분 정도 끓인다. 마지막에 들기름, 깨소금으로 맛을 낸다.

3 **쇠고기 밑간해 볶기** 쇠고기는 다진 파·마늘, 간장, 설탕, 후춧가루로 양념해 볶는다.

4 **밥 위에 재료 올리기** 그릇에 따뜻한 밥을 담고 준비한 나물을 돌려가며 담은 뒤 고추장 양념을 만들어 곁들인다.

마른 나물은 다양한 효능이 있어요

삼나물은 혈액순환을 좋게 해서 성인병을 예방하고 항암 효과가 있는 것으로 알려져 있어요. 부지깽이나물은 수렴·진통 효과가 있고 호흡기를 보호해 편도선염이나 기관지염을 개선하는 효과가 있다고 합니다. 미역취와 고비는 비타민과 미네랄이 풍부해서 면역력을 높여줘요.

상추된장비빔밥

여름에는 생채소에 고추장이나 된장 한 숟가락 떠 넣고 비벼 먹는 비빔밥이 최고예요. 상추나 부추, 애호박 등 다양한 제철 채소를 이용해서 즉석 비빔밥을 만들어보세요.

들어가는 재료

좁쌀밥 4공기
상추 150g
비트잎 5장
참기름 2큰술
통깨 1작은술

된장 양념

된장 3큰술
마요네즈 2큰술
참기름·청주 1/2큰술씩
설탕 1작은술

1 **상추 손질하기** 상추는 깨끗이 씻어 물기를 턴 뒤 곱게 채 썰고, 비트잎도 씻어서 채 썬다.

2 **상추 양념하기** 준비한 상추, 비트잎에 참기름과 통깨를 넣어 고루 버무린다.

3 **된장 양념 만들기** 준비한 재료를 잘 섞어 된장 양념을 만든다.

4 **양념에 버무리기** 참기름에 버무린 상추, 비트잎에 된장 양념을 넣어 가볍게 버무린다.

5 **그릇에 담기** 그릇에 좁쌀밥을 담고 된장에 버무린 상추를 얹어 비벼 먹는다.

불면증과 비만을 개선해줘요

비타민 A가 풍부해 빈혈 예방에 효과적이며 비타민 B군과 칼슘 등 우리 몸에 부족하기 쉬운 영양소가 들어있어 체질 개선 효과가 높아요. 특히 신경안정과 불면증, 정신적 피로 해소에 효과가 좋아요.

별미 나물요리

고사리전

들어가는 재료

고사리 200g, 밀가루 1컵, 달걀 4개, 식용유 적당량
고사리 양념 간장 2큰술, 참기름 1큰술
양념장 간장·식초·물 2큰술씩, 설탕·깨소금 조금씩

1 **고사리 썰기** 고사리를 깨끗이 씻어 물기를 짠 다음
1cm 길이로 썬다.

2 **양념하기** 고사리에 간장과 참기름을 넣어 무친다.

3 **옷 입혀 지지기** 고사리를 동글납작하게 빚어 밀가루
를 묻히고 달걀옷을 입혀 식용유를 두른 팬에 노릇하
게 지진다.

4 **양념장 곁들이기** 고사리전을 접시에 담고 양념장을
곁들인다.

두릅적

들어가는 재료

두릅 300g, 쇠고기 150g, 밀가루 3큰술, 달걀 2개,
소금 조금, 식용유 적당량
두릅 양념 참기름 1/2큰술, 소금 1작은술, 후춧가루 조금
쇠고기 양념 간장 1½큰술, 설탕 2작은술,
다진 파 2작은술, 다진 마늘·참기름·깨소금 1작은술씩

1 **두릅 데쳐 양념하기** 두릅은 딱딱한 밑동을 잘라내고
씻는다. 끓는 물에 소금을 넣고 데쳐 양념한다.

2 **쇠고기 양념하기** 쇠고기는 0.7cm 두께로 저며서 잔
칼질을 한 뒤 6cm 길이로 길게 썰어 양념한다.

3 **꼬치에 꿰어 지지기** 꼬치에 두릅과 고기를 번갈아 꿰
어 밀가루를 고루 묻히고 달걀물에 담갔다가 식용유
를 두른 팬에 앞뒤로 지진다.

향긋한 나물로 전을 부치거나 떡을 쪄도 맛있어요.
반찬으로 상에 내거나 출출할 때 간식으로 먹으면 별미예요.

쑥개떡

들어가는 재료

멥쌀 5컵, 쑥 300g, 소금 1큰술, 뜨거운 물 1/2컵,
참기름 3큰술

1 **멥쌀·쑥 준비하기** 멥쌀은 씻어서 불려 건지고, 쑥은
  소금물에 데친 뒤 찬물에 헹궈 물기를 꼭 짠다. 쌀과
  쑥, 소금을 믹서에 넣고 곱게 간다.

2 **떡 반죽하기** ①의 가루에 뜨거운 물을 부어가며 익반
  죽하고 여러 번 치대면서 반죽한다.

3 **모양 만들기** 반죽을 적당히 떼어 지름 10cm의 동글
  납작한 쑥개떡을 빚는다.

4 **쪄서 참기름 바르기** 김 오른 찜통에 면포를 깔고 쑥
  개떡 반죽을 올려 찐다. 익으면 꺼내 참기름을 바른다.

시금치달걀말이

들어가는 재료

시금치 100g, 게맛살 10g, 달걀 4개, 소금 조금,
깨소금·참기름 조금씩, 식용유 적당량

1 **달걀 풀기** 달걀을 풀어 체에 곱게 내린 뒤 소금으로
  간한다.

2 **게맛살·시금치 준비하기** 게맛살은 잘게 찢고, 시금치
  는 데쳐 물기를 짜서 소금, 깨소금, 참기름으로 간한다.

3 **달걀물 부어 익히기** 기름 두른 팬에 달걀물을 부어
  익힌다. 살짝 익으면 가운데에 시금치와 게맛살을 올
  려 돌돌 만다.

4 **모양 잡아 썰기** 완성된 달걀말이를 김발로 감싸 모양
  을 다듬은 뒤 한 김 식혀 먹기 좋게 썬다.

찾아보기

가나다순

양념별

• 요리

기초부터 응용까지 이 책 한권이면 끝!
한복선의 친절한 요리책

요리 초보자를 위해 최고의 요리 전문가 한복선 선생님이 나섰다. 칼 잡는 법부터 재료 손질, 맛내기까지 엄마처럼 꼼꼼하고 친절하게 알려주는 이 책에는 국, 찌개, 반찬, 한 그릇 요리 등 대표 가정요리 221가지 레시피가 들어있다.

한복선 지음 | 308쪽 | 188×254mm | 15,000원

만약에 달걀이 없었더라면 무엇으로 식탁을 차릴까
오늘도 달걀

값싸고 영양 많은 완전식품 달걀을 더 맛있게 즐길 수 있는 달걀 요리 레시피북. 가벼운 한 끼부터 든든한 별식, 밥반찬, 간식과 디저트, 음료까지 맛있는 달걀 요리 63가지를 담았다. 레시피가 간단하고 기본 조리법과 소스 등도 알려줘 누구나 쉽게 만들 수 있다.

손성희 지음 | 136쪽 | 188×245mm | 14,000원

맛있는 밥을 간편하게 즐기고 싶다면
뚝딱 한 그릇, 밥

덮밥, 볶음밥, 비빔밥, 솥밥 등 별다른 반찬 없이도 맛있게 먹을 수 있는 한 그릇 밥 76가지를 소개한다. 한식부터 외국 음식까지 메뉴가 풍성해 혼밥으로 별식으로, 도시락으로 다양하게 즐길 수 있다. 레시피가 쉽고, 밥 짓기 등 기본 조리법과 알찬 정보도 가득하다.

장연정 지음 | 216쪽 | 188×245mm | 14,000원

점심 한 끼만 잘 지켜도 살이 빠진다
하루 한 끼 다이어트 도시락

맛있게 먹으면서 건강하게 살을 빼는 다이어트 도시락. 영양은 가득하고 칼로리는 200~300kcal대로 맞춘 저칼로리 도시락으로, 샐러드, 샌드위치, 별식, 기본 도시락 등 다양한 메뉴를 담았다. 다이어트 도시락을 쉽고 맛있게 싸는 알찬 정보도 가득하다.

최승주 지음 | 176쪽 | 188×245mm | 15,000원

입맛 없을 때, 간단하고 맛있는 한 끼
뚝딱 한 그릇, 국수

비빔국수, 국물국수, 볶음국수 등 입맛 살리는 국수 63가지를 담았다. 김치비빔국수, 칼국수 등 누구나 좋아하는 우리 국수부터 파스타, 미고렝 등 색다른 외국 국수까지 메뉴가 다양하다. 국수 삶기, 국물 내기 등 기본 조리법과 함께 먹으면 맛있는 밑반찬도 알려준다.

장연정 지음 | 200쪽 | 188×245mm | 14,000원

고단백 저지방
닭가슴살 다이어트 레시피

고단백 저지방 닭가슴살은 다이어트 식품으로 가장 좋다. 이 책은 샐러드, 구이, 한 그릇 요리, 도시락 등 쉽고 맛있는 닭가슴살 요리 65가지를 소개한다. 김밥, 파스타 등 인기 메뉴부터 별미로 메뉴까지 매일 맛있게 먹으며 즐겁게 다이어트할 수 있다.

이양지 지음 | 160쪽 | 188×245mm | 13,000원

건강을 담은 한 그릇
맛있다, 죽

맛있고 먹기 좋은 죽을 아침 죽, 영양죽, 다이어트 죽, 약죽으로 나눠 소개한다. 만들기 쉬울 뿐 아니라 전통 죽부터 색다른 죽까지 종류가 다양하고 재료의 영양과 효능까지 알려줘 건강관리에도 도움이 된다. 스트레스에 시달리는 현대인의 식사로, 건강식으로 그만이다.

한복선 지음 | 176쪽 | 188×245mm | 16,000원

천연 효모가 살아있는 건강빵
천연발효빵

맛있고 몸에 좋은 천연발효빵을 소개하는 책. 홈 베이킹을 넘어 건강한 빵을 찾는 웰빙족을 위해 과일, 채소, 곡물 등으로 만드는 천연발효종 20가지와 천연발효종으로 굽는 건강빵 레시피 62가지를 담았다. 천연발효빵 만드는 과정이 한눈에 들어오도록 구성되었다.

고상진 지음 | 328쪽 | 188×245mm | 19,800원

후다닥 쌤의
후다닥 간편 요리

구독자 수 37만 명의 유튜브 '후다닥요리'의 인기 집밥 103가지를 소개한다. 국찌개, 반찬, 김치, 한 그릇 밥·국수, 별식과 간식까지 메뉴가 다양하다. 저자가 애용하는 양념, 조리도구, 조리 비법을 알려주고, 모든 메뉴에 QR코드를 수록해 동영상도 볼 수 있다.

김연정 지음 | 248쪽 | 188×245mm | 16,000원

정말 쉽고 맛있는 베이킹 레시피 54
나의 첫 베이킹 수업

기본 빵부터 쿠키, 케이크까지 초보자를 위한 베이킹 레시피 54가지. 바삭한 쿠키와 담백한 스콘, 다양한 머핀과 파운드케이크, 폼 나는 케이크와 타르트, 누구나 좋아하는 인기 빵까지 모두 담겨있다. 베이킹을 처음 시작하는 사람에게 안성맞춤이다.

고상진 지음 | 216쪽 | 188×245mm | 14,000원

• 취미 | 인테리어

색칠하며 떠올리는 추억의 음식
한복선의 엄마의 밥상 컬러링북
비빔밥, 열무국수, 된장찌개 등 엄마가 차려주던 음식들을 색칠하며 따스한 추억을 떠올려보는 컬러링북. 색연필을 사용해 누구나 쉽게 완성할 수 있고, 힐링과 함께 뇌 건강도 지킬 수 있다. 요리연구가이자 시인인 저자의 음식 시도 수록되어 있다.

한복선 지음 | 80쪽 | 210×265mm | 14,000원

뇌 건강에 좋은 꽃그림 그리기
사계절 꽃그림 컬러링 북
꽃그림을 색칠하며 뇌 건강을 지키는 컬러링 북. 컬러링은 인지 능력을 높이기 때문에 시니어들의 뇌 건강을 지키는 취미로 안성맞춤이다. 이 책은 색연필을 사용해 누구나 쉽고 재미있게 색칠할 수 있다. 꽃그림을 직접 그려 선물할 수 있는 포스트 카드도 담았다.

정은희 지음 | 96쪽 | 210×265mm | 13,000원

119가지 실내식물 가이드 양장
실내식물 죽이지 않고 잘 키우는 방법
반려식물로 삼기 적합한 119가지 실내식물의 특징과 환경, 적절한 관리 방법을 알려주는 가이드북. 식물에 대한 정보를 위치, 빛, 물과 영양, 돌보기로 나누어 보다 자세하게 설명한다. 식물을 키우며 겪을 수 있는 여러 문제에 대한 해결책도 제시한다.

베로니카 피어리스 지음 | 144쪽 | 150×195mm | 16,000원

우리 집을 넓고 예쁘게 꾸미는 아이디어
공간 디자인의 기술
집 안을 예쁘고 효율적으로 꾸미는 방법을 인테리어의 핵심인 배치, 수납, 장식으로 나눠 알려준다. 포인트를 콕콕 짚어주고 알기 쉬운 그림을 곁들여 한눈에 이해할 수 있다. 결혼이나 이사를 하는 사람을 위해 집 구하기와 가구 고르기에 대한 정보도 자세히 담았다.

가와카미 유키 지음 | 204쪽 | 170×220mm | 15,000원

내 집은 내가 고친다
집수리 닥터 강쌤의 셀프 집수리
집 안 곳곳에서 생기는 문제들을 출장 수리 없이 내 손으로 고칠 수 있게 도와주는 책. 집수리 전문가이자 인기 유튜버인 저자가 25년 경력을 통해 얻은 노하우를 알려준다. 전 과정을 사진과 함께 자세히 설명하고, QR코드를 수록해 동영상도 볼 수 있다.

강태운 지음 | 272쪽 | 190×260mm | 22,000원

• 건강 | 자기계발

아침 5분, 저녁 10분
스트레칭이면 충분하다
몸은 튼튼하게 몸매는 탄력 있게 가꿀 수 있는 스트레칭 동작을 담은 책. 아침 5분, 저녁 10분이라도 꾸준히 스트레칭하면 하루하루가 몰라보게 달라질 것이다. 아침 저녁 동작은 5분을 기본으로 구성하고 좀 더 체계적인 스트레칭 동작을 위해 10분, 20분 과정도 소개했다.

박서희 감수 | 152쪽 | 188×245mm | 13,000원

라인 살리고, 근력과 유연성 기르는 최고의 전신 운동
필라테스 홈트
필라테스는 자세 교정과 다이어트 효과가 매우 큰 신체 단련 운동이다. 이 책은 전문 스튜디오에 나가지 않고도 집에서 얼마든지 필라테스를 쉽게 배울 수 있는 방법을 알려준다. 난이도에 따라 15분, 30분, 50분 프로그램으로 구성해 누구나 부담 없이 시작할 수 있다.

박서희 지음 | 128쪽 | 215×290mm | 10,000원

마음의 긴장을 풀어주는 30가지 방법
마음 스트레칭
불안이나 스트레스가 계속되면 긴장되고 마음이 굳어진다. 심리상담사가 30가지 상황별로 맞춤 처방을 내려준다. 뭉친 마음을 풀어 느긋하고 편안한 상태로 정돈하는 마음 스트레칭이다. 마음 스트레칭을 통해 긍정적이고 유연하며 자신감 있는 나를 만날 수 있다.

시모야마 하루히코 지음 | 184쪽 | 146×213mm | 13,000원

마음이 부서지기 전에 …
소심한 당신을 위한 멘탈 처방 70
인간관계에 어려움을 겪는 사람들을 위한 처방전. 정신과 전문의가 70가지 상황별로 대처하는 방법을 알려준다. 의사표현이 힘든 사람, 대인관계가 어려운 사람들에게 추천한다. '멘탈 닥터'의 처방을 따른다면 당신의 직장생활이 편해질 것이다.

멘탈 닥터 시도 지음 | 312쪽 | 146×205mm | 16,000원

스무 살의 부자 수업
나의 직업은 부자입니다
어떻게 하면 돈을 모으고, 잘 쓸 수 있는지 방법을 알려주는 돈 벌기 지침서. 스무 살 여대생의 도전기를 읽다 보면 32가지 부자가 되는 가르침을 익힐 수 있다. 이제 막 돈에 눈을 뜬 이십 대, 사회초년생을 비롯한 부자가 되기를 꿈꾸는 당신에게 추천한다.

토미츠카 아스카 지음 | 256쪽 | 152×223mm | 15,000원

나물로 차리는 건강밥상

요리 | 전일섭 어시스트 이길동
사진 | 최해성 어시스트 이성근 강태희
스타일링 | 우현주 어시스트 오진 한지우

그릇협찬 | 우리그릇 려(02-549-7573) 이도(02-722-0756)

편집 | 김연주 이희진 서지은
디자인 | 양혜민 이선화
마케팅 | 김종선 이진목
경영관리 | 남옥규

인쇄 | 금강인쇄

초판 1쇄 | 2018년 9월 10일
초판 12쇄 | 2022년 11월 1일

펴낸이 | 이진희
펴낸 곳 | (주)리스컴

주소 | 서울시 강남구 밤고개로 1길 10, 수서현대벤처빌 1427호
전화번호 | 대표번호 02-540-5192
　　　　　　영업부 02-540-5193
　　　　　　편집부 02-544-5933 / 544-5944

FAX | 02-540-5194
등록번호 | 제 2-3348

ISBN 979-11-5616-154-7 13590
책값은 뒤표지에 있습니다.

블로그
blog.naver.com/leescomm

인스타그램
instagram.com/leescom

유튜브
www.youtube.com/c/leescom

유익한 정보와 다양한 이벤트가 있는 리스컴 SNS 채널로 놀러오세요!